Isaac Kwasi Yankey

Energia sustentável no Gana

Isaac Kwasi Yankey

Energia sustentável no Gana

Questões na avaliação da viabilidade económica potencial

ScienciaScripts

Imprint

Cover image: www.ingimage.com

This book is a translation from the original published under ISBN 978-3-659-72065-9.

Publisher:
Sciencia Scripts
is a trademark of
Dodo Books Indian Ocean Ltd. and OmniScriptum S.R.L publishing group

120 High Road, East Finchley, London, N2 9ED, United Kingdom
Str. Armeneasca 28/1, office 1, Chisinau MD-2012, Republic of Moldova, Europe
Managing Directors: Ieva Konstantinova, Victoria Ursu
info@omniscriptum.com

Printed at: see last page
ISBN: 978-620-8-61579-6

ÍNDICE DE CONTEÚDO

Prefácio

Este livro é um bom recurso académico para estudantes do Higher National Diploma (HND), de licenciatura e de pós-graduação em Engenharia de Sistemas de Energias Renováveis e também para ser utilizado por governos, empresas de serviços públicos e investidores em energias renováveis interessados em países em desenvolvimento.

O Capítulo 2 analisa a literatura sobre sistemas de energias renováveis e as tendências de investimento neste sector. Uma outra secção analisa a viabilidade destas tecnologias e a forma como os investimentos em sistemas energéticos sustentáveis têm sido incentivados e discute a escolha da taxa de desconto e a forma como esta afecta o esgotamento dos recursos. Os capítulos três e quatro analisam o sector da energia no Gana e as funções das instituições envolvidas na definição e implementação de políticas. A tendência da produção e utilização de eletricidade e as projecções para o futuro são também discutidas. São discutidos o mercado da energia, a estrutura de preços da eletricidade e os recursos energéticos sustentáveis e o seu potencial de investimento no país.

O capítulo cinco analisa a viabilidade financeira de um sistema fotovoltaico de 10 MW no Gana e a sensibilidade a alterações nos parâmetros de entrada, como as taxas de desconto, o custo do capital e os preços da eletricidade. O capítulo seis do livro apresenta uma conclusão e uma discussão sobre as questões políticas relacionadas com as energias renováveis.

Agradecimentos

Estou em dívida para com o Dr. David Potts da Universidade de Bradford (BCID) pelas suas inestimáveis sugestões, críticas construtivas e leitura crítica deste livro. Um grande obrigado ao Dr. Gary Slater, meu tutor pessoal, pelo seu apoio ao longo de todo o meu trabalho. Expresso ainda a minha gratidão aos membros superiores e aos estudantes do BCID, especialmente à Sra. Karen Hand, à Sra. Rose Lanigan e a outros que, de diversas formas, contribuíram para o êxito deste livro.

Os meus sinceros agradecimentos à minha mulher, Rita Annoh Yankey, e à minha família: Sra. Martha Kabulu Nyaaba, Sra. Risaacy Nyaaba Yankey, Sr. Saeed Abdul-Rahman Yankey, Sr. Moses Yankey e sua esposa e minhas irmãs: Grace Dadzie, Dorothy Yankey, todos os meus sogros, especialmente Richard Danso e a sua mulher, filhos e filhas, que sempre me apoiaram financeira e moralmente no meu trabalho.

Agradeço a todos os amigos, especialmente a Samuel Kwofie, Kwabina Kesiedu e Edward Kwame Obese pelo seu apoio.

Acima de tudo, agradeço a Deus todo-poderoso pela sua orientação ao longo deste trabalho.

Lista de acrónimos, abreviaturas e unidades

AC	Alternating Current
AREED	African Rural Energy Enterprise Development
DC	Direct Current
ESMAP	Energy Sector Management Assistance Programme
GEC	Ghana Energy Commission
GEF	Ghana Energy Foundation
GIAC	Ghana Investment Advisory Council
GIPC	Ghana Investment Promotion Council
GLSS	Ghana Labour Standard Survey
GWh	Gigawatts hour
IEA	International Energy Agency
ILO	International Labour Office
IRR	Internal Rate of Returns
kW	Kilowatts
kWh	Kilowatts Hour
LRMC	Long Run Marginal cost
MC	Marginal Cost
MEC	Marginal Environmental Cost
MoE	Ministry of Energy
MoFEP	Ministry of Finance and Economic Planning
MTOE	Million Tonnes of Oil Equivalent
MW	Megawatts
MWe	Megawatt Electrical
MWp	Megawatt-peak
NPV	Net Present Value
PV	Photovoltaic
PURC	Public Utility Regulatory Commission
RCEER	Resource Centre for Energy Economics and Regulation, Ghana

REEEP	Renewable Energy and Energy Efficiency Partnership
SSH	Small Scale Hydro
SWERA	Solar and Wind Energy Resource Assessment
STC	Standard Test Conditions
TOR	Tema Oil Refinery
TW	Tera Watts
UNDP	United Nations Development Programme
WEC	World Energy Council
Wp	Peak Watt

CAPÍTULO 1

1.0 QUESTÕES DE FUNDO

Conseguir a melhor e mais rentável forma de fornecer eletricidade ao consumidor foi sempre o objetivo da indústria energética. Com muita pressão e políticas para se tornar neutro em termos ambientais, há uma necessidade crescente de fontes de energia sustentáveis. McChesney (1998) afirmou que, através do investimento em energias renováveis, as empresas podem posicionar-se na vanguarda da ação empresarial para enfrentar os desafios das alterações climáticas e, ao mesmo tempo, obter potenciais benefícios económicos por actuarem precocemente num mercado potencialmente enorme.

Os sistemas de energia renovável são parte integrante dos cenários energéticos sustentáveis actuais e futuros. Oelert (1988) afirmou que, tendo em conta a forte influência que os mercados de combustíveis fósseis têm nas economias nacionais e o esgotamento dos recursos de combustíveis fósseis, o empenhamento em fontes de energia renováveis é considerado um imperativo a longo prazo. Quando se considera a sensibilidade dos países em desenvolvimento ao mercado dos combustíveis fósseis, as suas crescentes disparidades estruturais e regionais estão fortemente interligadas com os problemas de aprovisionamento energético (Oelert 1988).

Podem ser oferecidas várias opções energéticas para satisfazer a crescente população ganesa, a indústria e a procura de um nível de vida mais elevado. Atualmente, o Gana depende principalmente da eletricidade hidroelétrica e de uma parte da energia térmica para satisfazer a sua crescente procura de energia.

O interesse pela energia verde e limpa tem aumentado significativamente nos últimos anos no mundo (Polatidis et al 2003). A produção de energia existente no país não é suficiente para satisfazer a procura de energia, o que resulta por vezes num racionamento de energia

(GEF 2005). Devido à economia dos combustíveis fósseis e aos problemas de manuseamento do combustível usado associados à energia nuclear, é provável que as energias renováveis venham a desempenhar um papel importante na satisfação da procura de energia no Gana. Também devido ao aquecimento global, à destruição da camada de ozono e a outras preocupações ambientais, é provável que a tecnologia para a produção de energia seja uma tecnologia como a energia solar fotovoltaica e a energia eólica, que produzem muito pouca poluição durante o fabrico, nenhuma durante a utilização e muito pouca no fim do ciclo de vida, se for implementado um programa de reutilização/reciclagem. Assim, o Gana adoptou o objetivo de aumentar as suas necessidades e segurança energéticas investindo em tecnologias de energias renováveis (GEF 2005). Para poder tomar uma decisão informada numa situação tão complexa, a análise financeira seria vital para os potenciais investidores interessados no investimento no sector da energia sustentável.

O processo de concretização das políticas energéticas governamentais e da segurança energética no Gana significa que os méritos financeiros, económicos, sociais, ambientais e políticos dos projectos de energias renováveis devem ser cuidadosamente avaliados.

Estas observações levaram-me a explorar mais a fundo a viabilidade do investimento sustentável em energia no atual mercado energético do Gana. Olhando para a atual situação energética, a questão principal é: "Poderá o Gana desenvolver uma estratégia de investimento energético viável e sustentável? A minha hipótese é que o investimento em energia sustentável será viável no Gana quando as estratégias energéticas e financeiras estiverem bem desenvolvidas.

O principal objetivo deste trabalho é investigar alguns dos parâmetros financeiros relacionados com a energia sustentável no Gana, através da construção e análise de um fluxo de recursos de investimento.

Este trabalho utilizará dados qualitativos e quantitativos de instituições como o Banco Mundial, o Ministério da Energia do Gana, a Fundação da Energia do Gana, o Ministério das Finanças e do Planeamento Económico, a Comissão da Energia do Gana, o Departamento de Estatística do Gana e as Agências Ambientais. O trabalho envolve a preparação de um fluxo de recursos para um sistema fotovoltaico com taxas de desconto de 8% (8%) e 4% (4%). O VAL do projeto a estas taxas de desconto será estimado e será analisado um estudo dos parâmetros de entrada, tais como o custo de capital e o preço de venda da energia, para determinar quais os parâmetros que requerem uma atenção especial.

O Capítulo 2 analisa a literatura sobre sistemas de energias renováveis e as tendências de investimento neste sector. Uma outra secção considera a viabilidade destas tecnologias e a forma como os investimentos em sistemas energéticos sustentáveis têm sido encorajados e discute a escolha da taxa de desconto e a forma como esta afecta o esgotamento dos recursos. Os capítulos têm em conta o sector da energia no Gana e as funções das instituições envolvidas na definição e implementação de políticas. São também apresentadas as tendências da produção e utilização de eletricidade e as projecções para o futuro. O mercado da energia, a estrutura de preços da eletricidade e os recursos energéticos sustentáveis e o seu potencial de investimento no país são discutidos.

O quinto capítulo analisa a viabilidade financeira de um sistema fotovoltaico de 10 MW no Gana e a sensibilidade a alterações nos parâmetros de entrada, como o custo do capital e os preços da eletricidade. O capítulo seis do livro apresenta uma conclusão e uma discussão sobre questões políticas e necessidades futuras de investigação.

CAPÍTULO 2

2.0 INVESTIMENTO EM ENERGIA SUSTENTÁVEL

Neste capítulo, apresenta-se uma revisão de trabalhos anteriores relacionados com sistemas de energia sustentável e investimento. São discutidos os recursos energéticos renováveis no mundo e as questões que afectam o investimento nesses recursos. A escolha da taxa de desconto e as suas implicações para o investimento em energias sustentáveis e o esgotamento dos recursos também são discutidas.

2.1 Fontes de energia renováveis

O sol tem sido uma antiga fonte de energia durante muitos anos e as fontes de energia renováveis derivam principalmente do enorme poder da radiação solar (Boyle 2004). A energia renovável, definida por Twidell e Weir 1986, é a energia obtida a partir das correntes contínuas ou repetitivas de energia que ocorrem no ambiente natural. Ou como fluxos de energia que são repostos ao mesmo ritmo a que são consumidos (Sorensen 2000). As energias renováveis podem ser classificadas como **renováveis solares** e **renováveis não solares**. As fontes de energia renováveis solares mais conhecidas são a energia solar térmica, a energia solar fotovoltaica, a energia eólica, a energia das ondas, as pequenas centrais hidroeléctricas e a bioenergia. A produção de bioenergia em grande escala está associada a alguns riscos. A biomassa em grande escala pode levar a uma grande utilização da floresta natural (Andrew 2007). O corte de demasiadas árvores é uma forma de desflorestação e pode causar problemas como a erosão dos solos e outras catástrofes naturais. A dependência da utilização tradicional da colheita de biomassa e a gestão inadequada ou inexistente dos recursos prejudicarão a sustentabilidade do seu abastecimento (Boyle 2004).

As duas outras fontes de energia renovável que não dependem da radiação solar são a energia das marés e a energia geotérmica. O poder das marés pode ser aproveitado através da construção de uma barragem onde as águas que sobem são capturadas e depois deixadas a fluir de volta através de turbinas geradoras de eletricidade (Boyle 2004).

A temperatura no interior do núcleo da Terra é de cerca de 4000° C. Esta temperatura elevada foi originalmente causada pela contração gravitacional do planeta quando este se formou (Andrew 2007). Existe um fluxo de calor que pode ser aproveitado para a produção de eletricidade. O calor do interior da terra é a energia geotérmica . As secções seguintes apresentam uma análise detalhada das fontes de energia renováveis.

2.1.1 Energia eólica

A energia eólica tem sido uma fonte de energia durante milhares de anos em todo o mundo. Nos primeiros tempos, a maior parte da energia eólica era utilizada para bombear água para projectos de irrigação. A energia eólica é a conversão da energia cinética do vento em energia eléctrica através da utilização de turbinas. A energia eólica é transmitida essencialmente por um fluido de baixa densidade, pelo que as dimensões de qualquer dispositivo utilizado para converter a energia cinética em energia eléctrica útil são grandes e proporcionais à potência que produz (Andrew 2007). A energia eólica é gratuita, limpa do ponto de vista ambiental, não emite dióxido de carbono e é infinitamente renovável. Não há poluição e não há utilização direta de combustíveis fósseis no processo de conversão de energia. A disponibilidade do vento é intermitente, imprevisível e não está limitada à luz do dia. O padrão caraterístico da velocidade do vento está relacionado com a localização. A magnitude e a direção do vento têm uma variação diária ou horária significativa, mas as caraterísticas anuais são bastante consistentes (Andrew 2007). Grubb e Meyer (1993) estimaram que o potencial terrestre total para recursos de energia eólica é de cerca de 500 000 TWh e que, deste total, 53 000 TWh podem ser explorados por ano. O Conselho Mundial da Energia (WEC) obteve uma estimativa semelhante em 1994.

O investimento em projectos de energia eólica está a crescer a um ritmo acelerado e depende do custo de capital, dos custos de manutenção e de funcionamento e das receitas da venda energia eléctrica durante o período de vida da turbina. No entanto, existe uma grande incerteza no investimento devido ao facto de o custo futuro das máquinas poder ser difícil de estimar, uma vez que se trata de uma tecnologia em desenvolvimento. O custo do investimento em energia eólica onshore ou offshore varia muito. No entanto, o custo da energia eólica em locais de boa localização compara-se muito bem com a energia proveniente de combustíveis convencionais. Um kWh de energia eólica custa cerca de 3-10 cêntimos de dólar americano, em comparação com 4-9 cêntimos de dólar americano com o carvão e 3-5 cêntimos com o gás.

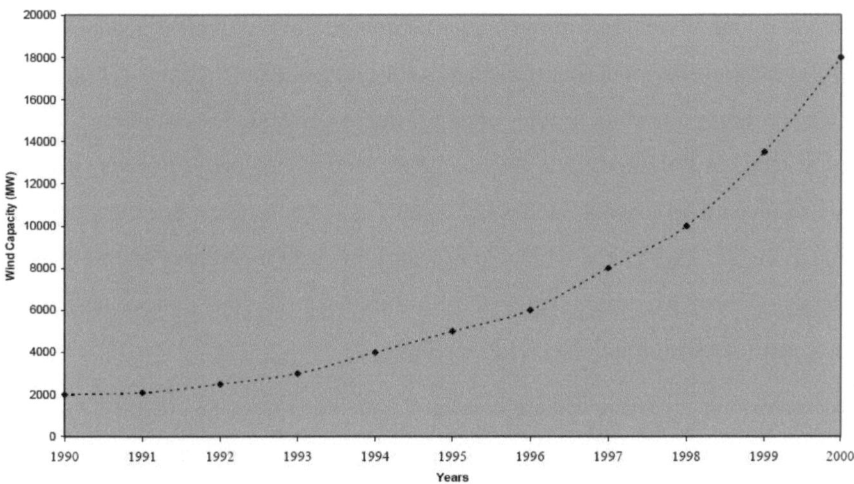

Figura 2.1 Capacidade mundial de energia eólica 1990-2000 (Fonte: WEC 2004)

A taxa de investimento na energia eólica está a crescer a um ritmo acelerado e é duvidoso que alguma tecnologia energética tenha crescido a um ritmo tão elevado anteriormente. O mercado da energia eólica é dominado pela Alemanha, EUA, Dinamarca e Espanha.

Existe um elevado potencial para a energia eólica e estima-se que a capacidade total instalada de energia eólica no mundo até 2010 será de 90 000 MWe, dos quais 60 000 MWe na Europa (WEC 2007).

2.1.2 Energia solar

A energia solar média incidente na Terra é de cerca de 100 000 TW (Andrew 2007). Este valor é muito superior ao atual consumo mundial de energia, que é de aproximadamente 15 TW. A forma mais eficiente de converter a energia solar em eletricidade direta é através da utilização de células fotovoltaicas (PV). As duas principais células fotovoltaicas comerciais são as de silício cristalino e as de película fina. A eficiência de conversão das células solares é tipicamente de apenas 10-39 por cento (10-30%) (Schultz et al 2004). A maior parte destas fontes de energia são específicas de cada local e a energia solar está concentrada nos países em desenvolvimento, nos trópicos e à volta deles.

Os preços actuais da energia proveniente de células fotovoltaicas ligadas à rede são muito elevados e não podem competir com a energia convencional ou nuclear. No entanto, a energia das células fotovoltaicas, que são instaladas remotamente e estão longe da rede, já é competitiva. Nessas áreas, que estão longe da rede, o custo da energia solar para aplicações industriais, como as telecomunicações ou a bombagem de água, pode ser 25% (vinte e cinco por cento) do custo das fontes alternativas e, em aplicações domésticas, como a televisão e a iluminação, é 50% (cinquenta por cento) do custo das fontes alternativas (Andrew 2007).

O crescimento do investimento em energia fotovoltaica deve-se em parte ao declínio dos custos e à melhoria da tecnologia. O investimento em 2002 cresceu 62% (62%) e espera-se que este rápido crescimento continue no futuro, à medida que a tecnologia e a eficiência melhoram e a procura de soluções para as alterações climáticas continua (WEC 2004).

Prevê-se que, até 2020, a instalação de sistemas fotovoltaicos nos EUA seja de cerca de 3 200 MWp, no Japão está prevista a instalação de 4 600 MWp até 2010 e a União Europeia (UE) estabeleceu um objetivo de instalação fotovoltaica de 3 000 MWp até 2010. (WEC2004).

2.1.3 Hidroelétrica de pequena escala (SSH)

A utilização de cursos de água em movimento como fonte de energia é conhecida há muitos anos. Não existe uma definição aceitável de pequena central hidroelétrica (SSH), mas a visão mais ampla coloca um limite superior de 10 MW de capacidade (Boyle 2004). O Conselho Mundial da Energia comunicou que, no final de 1999, as SSH instaladas com base na capacidade superior de 10 MW eram de 18 GW em 38 países (Boyle, 2004). A figura 2.2 apresenta uma perspetiva geral dos recursos hidroeléctricos

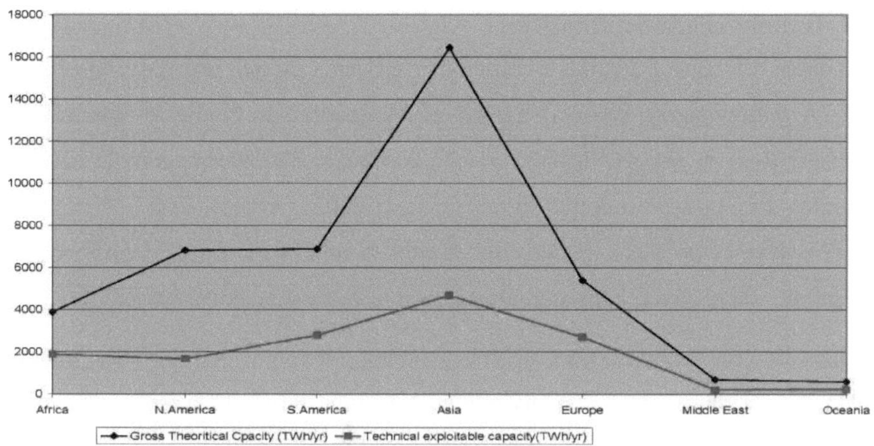

Figura 2.2 Potencial de energia hidroelétrica. (Fonte: WEC 2003)

As estimativas da taxa mundial de crescimento da produção de energia hidroelétrica em pequena escala situam-se entre 1 e 2 GW por ano. Com base nisto, parece provável que a capacidade operacional mundial se situe entre os 50 e os 60 GW em 2003, totalizando cerca de 1% da produção total de eletricidade a nível mundial (Boyle 2003).

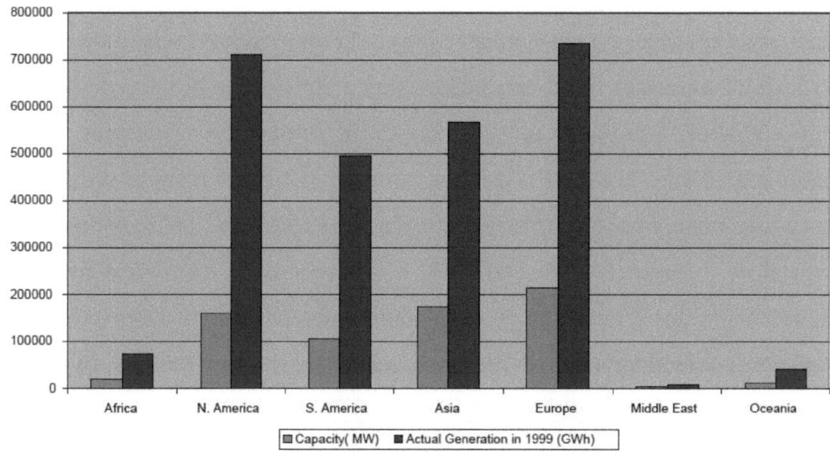

Figura 2.3 Desenvolvimento da energia hidroelétrica no mundo. (Fonte: WEC 2004)

A energia hidroelétrica em pequena escala é mais cara do que a eletricidade produzida a partir de fontes convencionais, mas afirma-se que os progressos tecnológicos estão a fazer baixar o seu custo para um nível em que será mais competitiva em relação a outras opções (Boyle 2003).

2.1.4 Biomassa e biocombustível

A biomassa refere-se a plantas e materiais derivados de animais que são utilizados direta ou indiretamente como combustível. A queima de biomassa tem sido uma importante fonte de energia desde a criação do mundo e forneceu cerca de 12% (doze por cento) do consumo mundial de energia em 2002. (Andrew 2007) A atração da biomassa deve-se ao facto de ser uma energia neutra em termos de carbono e, por conseguinte, sustentável, com uma produção líquida de zero emissões de CO_2.

A utilização atual da biomassa é de 70% (setenta por cento) para cozinhar e aquecer residências nos países em desenvolvimento. Na China, a biomassa representa cerca de 20% (20%) e na Índia cerca de 40% (40%) (Andrew 2007). As tecnologias de co-combustão e os sistemas de aquecimento urbano tornaram a biomassa uma fonte de energia atractiva em alguns países industrializados, como a Suécia e a Dinamarca.

A Europa está a promover os biocombustíveis como forma de reduzir as suas emissões de gases com efeito de estufa em resposta a um acordo internacional e, em 2003, estabeleceu o objetivo de que 5,7% (cinco vírgula sete por cento) de todo o combustível para motores a gasolina e a gasóleo deve provir de fontes renováveis. Este objetivo de 5,7% (5,7%) e a isenção fiscal concedida estão a aumentar a procura de biodiesel e, consequentemente, a provocar um aumento do investimento neste sector. O gasóleo misturado com biodiesel foi introduzido e, no Reino Unido, a redução do imposto em 20 pence/litro impulsionou o investimento em 2002 (Andrew 2007). A biomassa tem o potencial de fornecer 10-20% (10-20%) das necessidades de energia primária dos países desenvolvidos e uma grande percentagem nos países em desenvolvimento. O investimento em biocombustíveis tornou-se um sector atrativo para os investidores e está a crescer a um ritmo acelerado (Boyle 2004).

2.1.4 Energia geotérmica

A energia geotérmica é a energia térmica armazenada na subsuperfície da terra. A quantidade de fontes de energia geotérmica no mundo é enorme, mas não há uma estimativa fiável disponível. Uma avaliação efectuada pela conferência mundial de energia em 1980, a uma profundidade de 3 m, para a produção de eletricidade, deu um valor de $36x10^{20}$ J e este valor era cerca de dez vezes o consumo total de energia primária nessa altura (Shepherd 2003). A energia geotérmica total armazenada no núcleo da Terra excede em várias ordens de grandeza a dos combustíveis fósseis e das fontes nucleares. Apenas a energia solar é comparável à energia geotérmica em termos de capacidade total disponível para desenvolvimento. As fontes de energia geotérmica são específicas de cada local e as zonas potenciais são apresentadas na Figura 2.4.

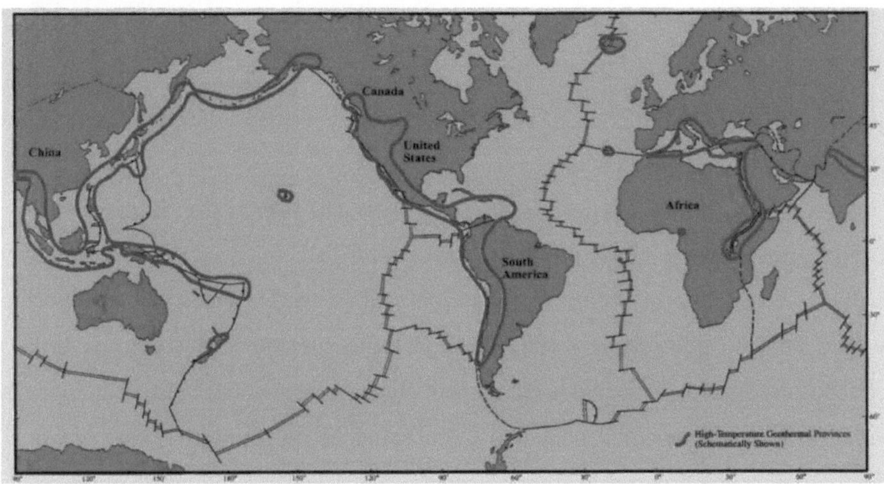

Figura 2.4 Zonas Geotérmicas Potenciais (Fonte: WEC 2004)

Um investimento em energia geotérmica é um empreendimento de alto risco e especulativo porque a natureza da temperatura das rochas é desconhecida. A energia geotérmica é uma fonte de energia sem carbono ainda inexplorada, estando atualmente a ser explorados apenas cerca de 1 TW. O gráfico mostra a exploração da energia geotérmica para a produção de eletricidade até ao final de 1999. Prevê-se que a energia geotérmica possa fornecer cerca de 5% (cinco por cento) do total da eletricidade mundial até 2020, se os actuais níveis de investimento se mantiverem (Andrew 2007).

O mercado da produção de energia geotérmica é dominado pelos EUA com cerca de 2.228 MWe (WEC 2004). Estão disponíveis recursos comprovados para desenvolvimento e a previsão para 2010 é de 21 000 MWe de potência geotérmica instalada (WEC 2004).

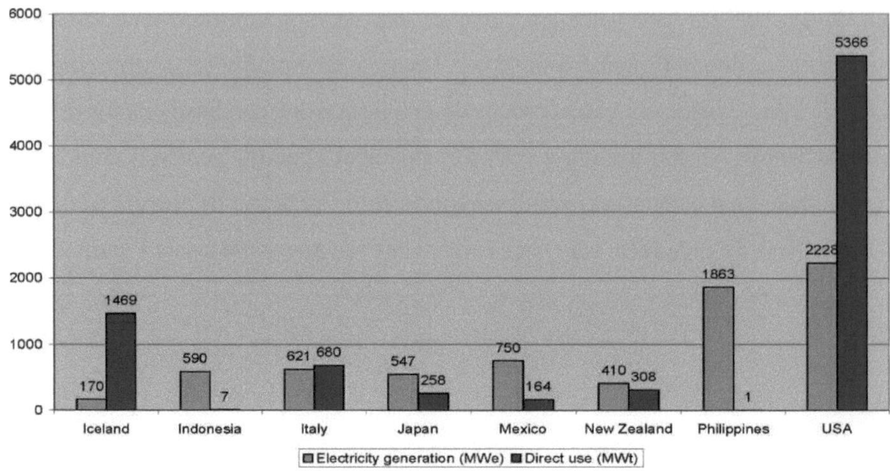

Figura 2.5 Potência geotérmica instalada até ao final de 1999. (Fonte: Andrew2007)

2.2 Sistemas energéticos sustentáveis

Atualmente, o mundo está interessado na palavra sustentabilidade, de tal modo que qualquer produto que não provenha de uma fonte sustentável ou de uma linha de produção sustentável é considerado pouco ético. A sustentabilidade não pode ser ignorada, desde o fabrico ao consumo e à eliminação de resíduos. Veio para ficar e todos os sistemas e fontes têm de ser sustentáveis. A sustentabilidade tornou-se mais comum recentemente após a publicação do relatório da Comissão Brundtland das Nações Unidas em 1987; **O Nosso Futuro Comum.** A comissão definiu o desenvolvimento sustentável como ***"um desenvolvimento que satisfaz as necessidades do presente sem comprometer a capacidade das gerações futuras de satisfazerem as suas próprias necessidades"*** (Nações Unidas, 1987).

A secção anterior apresenta uma análise pormenorizada de algumas das fontes de energia sustentáveis.

Os actuais sistemas energéticos mundiais foram construídos em torno dos combustíveis fósseis e dependem fortemente deles. As preocupações de que os combustíveis fósseis se esgotem a curto ou longo prazo podem ter sido exageradas devido à descoberta contínua de novas reservas. No entanto, continua a ser verdade que as reservas de combustíveis fósseis são finitas e, a longo prazo, acabarão por se esgotar. Terão de ser encontrados substitutos. Fornecer ao mundo energia moderna, limpa e acessível é um grande desafio, mas é algo em que as fontes de energia sustentáveis podem desempenhar um papel importante e dar contributos significativos (Shepherd 2003).

Além disso, as reservas de combustíveis fósseis estão atualmente localizadas em relativamente poucos países. Dois terços das reservas mundiais comprovadas estão localizadas no Médio Oriente e no Norte de África. Esta concentração de recursos escassos já conduziu a grandes crises e conflitos, como a crise petrolífera dos anos 70 (Boyle 2003). Tem o potencial de criar problemas semelhantes ou ainda mais graves no futuro.

A exploração de combustíveis fósseis implica uma série de riscos para a saúde. Estes riscos podem ocorrer em diferentes fases da indústria petrolífera. Podem ocorrer durante a distribuição, onde os derrames de petróleo dos petroleiros poluem as praias e matam a vida selvagem, ou na combustão, que gera poluentes atmosféricos como o dióxido de enxofre e os óxidos de azoto, que são prejudiciais para a saúde e o ambiente. Além disso, a combustão de combustíveis fósseis gera grandes quantidades de CO_2, o mais importante gás antropogénico com efeito de estufa (Andrew 2007). A maioria dos cientistas do mundo acredita que as emissões antropogénicas de gases com efeito de estufa estão a causar o aumento da temperatura da Terra a um ritmo sem precedentes desde a última era glaciar (Boyle 2003).

Após décadas de experiências e avanços no desenvolvimento de sistemas de energia renovável, está agora a ser dada atenção aos aspectos económicos. É evidente que, apesar dos baixos custos operacionais favoráveis, a disseminação de sistemas energéticos sustentáveis é dificultada por custos de capital relativamente elevados, reduzindo assim a motivação dos investidores privados ou dos decisores públicos para actuarem como pioneiros nesta área (Oelert 1988).

2.3 O mercado da energia e as externalidades

No mercado mundial da energia, os preços não são determinados com base num mercado livre ou competitivo. Isto deve-se às acções dos principais países produtores de petróleo e das empresas petrolíferas (Mohan 1983). Numa economia de mercado livremente competitiva, a oferta, a procura e a fixação dos preços dos recursos energéticos são auto-reguladas e resultam na maximização dos benefícios económicos líquidos da utilização da energia. No entanto, no mercado da energia, muitos factores, como as práticas monopolistas, as externalidades, os efeitos de bloqueio e a não compatibilidade das metas e objectivos sociais, interferem com este mercado desejável e , por conseguinte, as falhas de mercado tornam-se a regra e não a exceção (Mohan 1983). Mohan 1983 define uma externalidade como as consequências decorrentes de uma ação pela qual a parte envolvida não pode ser cobrada (se se tratar de um custo) ou pela qual as receitas não podem ser cobradas (se se tratar de um benefício). As externalidades mais conhecidas são os efeitos ambientais. Por conseguinte, os recursos e o ambiente serão degradados porque o mecanismo de preços atribuiu um preço zero aos bens e serviços ambientais, quando, na realidade, estes servem funções económicas que deveriam atrair preços positivos (Pearce 1989). Por conseguinte, o preço de mercado dos bens e serviços não reflecte o verdadeiro valor do recurso total utilizado para os produzir. Como afirma Pearce (1989), os mercados sem restrições não conseguem afetar os recursos de forma eficiente. Para uma utilização sustentável dos recursos, um sistema de incentivos baseado no mercado pode ser utilizado para incorporar o preço das externalidades ambientais. Os bens e serviços podem, por conseguinte, ser objeto de uma tarifação adequada para contribuir para o desenvolvimento sustentável através deste mecanismo. Se não houver divergência entre o custo privado e o custo social, então o preço reflecte o custo marginal, mas, de acordo com o debate e para o desenvolvimento sustentável, este princípio tem de ser modificado para ter em conta a externalidade ambiental. Assim, o preço P dos bens e serviços é:

$$P = MC + MEC \qquad (2.1)$$

em que MC é o custo marginal e MEC é o custo marginal dos danos causados pela poluição ou pelo esgotamento dos recursos, expresso em termos monetários. Este sistema de preços pode tornar as tecnologias energéticas sustentáveis mais competitivas.

2.4 Viabilidade do investimento em energia sustentável

Em 2003, foram investidos cerca de 22 mil milhões de dólares em energias renováveis a nível mundial, como mostra a Figura 2.6 (Martinot 2004). Este valor compara-se com o do sector da energia eléctrica, cujo investimento é de cerca de 120 a 160 mil milhões de dólares por ano. Também o investimento anual em energia sustentável cresceu de 6 mil milhões de dólares em 1995 para 22 em 2003, enquanto o investimento acumulado desde 1995 é da ordem dos 110 mil milhões de dólares (Martinot 2004). As percentagens de investimento no sector das energias renováveis em 2003 foram de cerca de 38% (38%) para a energia eólica, 24% (24%) para a energia solar fotovoltaica e 21% (21%) para a água quente térmica. As pequenas centrais hidroeléctricas, a produção de energia a partir de biomassa e a energia geotérmica e o calor constituíram os restantes 17% (17%) (Martinot 2004).

O aumento do investimento deve-se ao reconhecimento contínuo da importância deste sector e das oportunidades de criação de valor que apresenta. As mudanças no comportamento individual e empresarial e, mais importante, o governo e os decisores políticos estão a introduzir legislação e mecanismos de apoio para acelerar o desenvolvimento do sector.

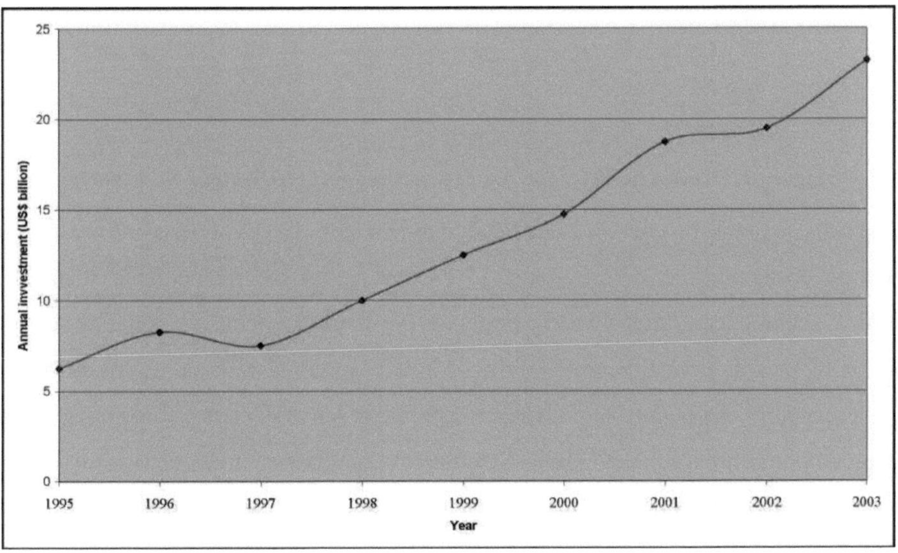

Figura 2.6 Investimentos anuais em energias renováveis (Fonte, Martinot 2004)

A quantidade total de energia renovável instalada em 2003 foi de 140 GW, o que representa menos de 4% da capacidade eléctrica total e, desta instalação, 40% provém de países em desenvolvimento. Este facto é muito significativo porque estas taxas de crescimento ultrapassam de longe o fornecimento de energia convencional, que se situou em 1-3% (1-3%). Houve algumas excepções, como a China, onde as instalações de energia convencional cresceram a uma taxa de 7-9% (7-9%) (Martinot 2004).

O gráfico abaixo mostra o declínio previsto no custo dos sistemas eólicos e fotovoltaicos até ao ano 2020. Isto partindo do princípio de que a atual taxa de crescimento se mantém. O preço da energia fotovoltaica será de cerca de 17 cêntimos de dólar dos EUA /kWh e o da energia eólica será de 5 cêntimos de dólar dos EUA /kWh em 2010.

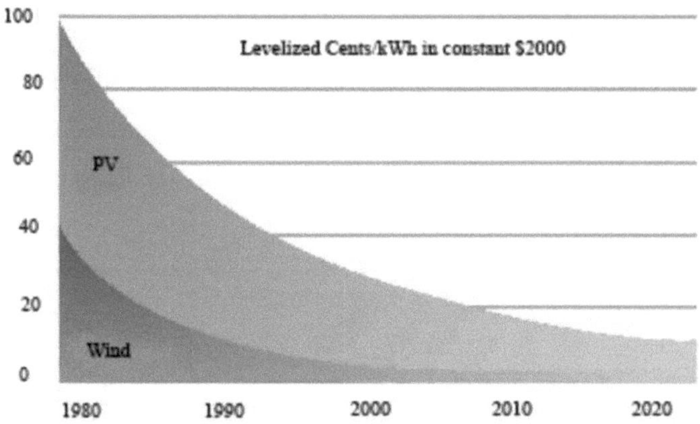

Figura 2.7 Custos decrescentes das energias renováveis (Fonte: PNUA 2002)

Os actuais sistemas de energia sustentável que têm sido desenvolvidos enfrentam uma série de obstáculos ao investimento. Estes obstáculos são de natureza financeira, política, social e tecnológica e são complexos por natureza. Estas tecnologias também têm problemas de investimento específicos a nível regional e, ao contrário das fontes de energia convencionais, não podem ser exploradas separadamente, mas sim de forma integrada com outras fontes. O investimento em energia sustentável exige um quadro financeiro e político sólido, apoiado pelos governos e pelos sectores financeiros.

As seguintes sugestões foram apresentadas por Martinot como quadro político suscetível de incentivar o investimento em sistemas energéticos sustentáveis:

- *A norma da carteira de energias renováveis (RPS)* exige que uma percentagem mínima da produção de energia vendida ou da capacidade instalada seja proveniente de fontes renováveis.

- *Certificado de energia renovável (verde):* O certificado de energia renovável é uma forma de as empresas de serviços públicos e os clientes comercializarem créditos de produção e consumo de energia renovável, a fim de cumprirem as obrigações decorrentes das RPS e de políticas semelhantes.

- *Políticas de redução de custos:* Podem ser concebidas várias políticas para incentivar o investimento voluntário em energias renováveis.

- *Fundos de utilidade pública:* a aplicação de uma taxa suplementar por kWh de consumo de energia eléctrica desenvolve fundos públicos para as energias renováveis.

- *Política de biocombustíveis para os transportes:* Os mandatos de biocombustíveis exigem que uma determinada percentagem de todos os combustíveis líquidos para transportes seja proveniente de recursos renováveis.

- *Política de transação de direitos de emissão:* Os poluentes ambientais, como os NOx, SOx e CO_2, podem ser reduzidos através do comércio de emissões, criando um limite permitido de poluição, após o qual tem de ser comprado.

- *Objectivos para as energias renováveis:* A definição de objectivos para as energias renováveis pode contribuir para o seu desenvolvimento.

2.5 Princípios da análise custo-benefício

Os indicadores financeiros são utilizados para identificar se o retorno de um investimento excede uma taxa de desconto pré-determinada através da preparação de um fluxo de caixa para o projeto ou tecnologia. Os instrumentos financeiros e económicos constituem o mecanismo de base para examinar o valor, o risco e o impacto na liquidez de uma oportunidade de investimento que concorre para um capital limitado (Rogers 2001)

A análise financeira diz respeito à viabilidade da decisão de investimento na perspetiva de um investidor privado e utiliza dados baseados no preço de mercado da mercadoria que será produzida.

Por outro lado, a análise económica também utiliza as mesmas ferramentas e indicadores que a análise financeira, mas incorpora o impacto das distorções dos preços de mercado causadas por imperfeições na estrutura dos mercados, incluindo os devidos subsídios para as decisões do governo em matéria de impostos e despesas (AIE 1991). Em 1991, a AIE utilizou a análise económica para avaliar diferentes projectos de energias renováveis e elaborou uma metodologia padrão para avaliar algumas das tecnologias de energias renováveis, que têm sido amplamente utilizadas no mundo. No entanto, a análise financeira não foi utilizada, o que pode dever-se ao facto de a rentabilidade privada dessas tecnologias poder ser baixa devido à sua novidade e ao seu elevado risco na altura. Os principais indicadores financeiros são o Valor Atual Líquido (VAL) e a Taxa Interna de Rentabilidade (TIR).

2.5.1 Valor atual líquido (VAL)

Quer esteja a fazer ou a receber pagamentos, a transação de qualquer tipo no futuro é menos importante para um investidor em energia do que a que tem lugar no presente. A técnica do valor atual analisa um montante pago no futuro e dá um passo atrás para ver o valor atual. Por exemplo, nos bancos onde se utilizam juros compostos, se investir \$10 a uma taxa de juro de 10% (dez por cento), valerá \$11 ao fim de um ano. Num cenário em que recebe \$11 no futuro e desconta 10 por cento (10%) devido a factores económicos, valerá \$10 e este é o valor atual. A soma destes valores actuais ao longo de um determinado número de anos é designada por Valor Atual Líquido (VAL) (Burke 2003). O VAL é o inverso dos juros compostos. O VAL de um investimento é obtido subtraindo o valor atual do custo do valor atual dos benefícios, ou seja

$$\text{NPV}=\sum_{i=0}^{N}\frac{B_i}{(1+R)^i}-\sum_{i=0}^{N}\frac{C_i}{(1+R)^i} \qquad 2.2$$

Em que B=é o valor económico dos benefícios

C=é o custo no período de tempo

R= a taxa de desconto

N=o número de anos.

A maior parte da avaliação económica dos projectos de investimento utiliza preços constantes para garantir que as decisões de investimento não são distorcidas por qualquer que seja a taxa de inflação. Estes preços são ajustados em função de quaisquer alterações previstas nos preços relativos, por exemplo, devido a factores como o aumento da escassez relativa de combustíveis fósseis ou a diminuição dos custos devido a melhorias tecnológicas.

Esta convenção de medição assegura a comparabilidade entre diferentes anos com diferentes níveis de preços e permite que a análise seja efectuada com base em entradas e saídas anuais constantes e, consequentemente, em rendimentos anuais constantes. A utilização de preços constantes com base nos preços correntes no momento da análise é aceitável em países com um elevado grau de estabilidade de preços. No entanto, existem reservas quanto à interpretação dos resultados para os países em desenvolvimento onde a taxa de inflação pode atingir 30% (trinta por cento), especialmente se a taxa de juro do mercado for aplicada como taxa de desconto para a tomada de decisões (Horst 1985). A inflação dos preços pode ser ajustada no fluxo de caixa através da utilização da taxa de juro real. Esta pode ser calculada ajustando a taxa de juro do mercado pela taxa de inflação (Horst 1985). Por conseguinte, a taxa de juro real é dada como

$$\text{Real Interest Rate} = \left\{ \left(\frac{100 + p}{100 + a} \times 100 \right) - 100 \right\} \qquad 2.3$$

em que p é a taxa de juro e a é a taxa de inflação

2.5.2 A taxa de desconto

A determinação da taxa de desconto adequada depende do objetivo do investimento e pode ser orientada pelas oportunidades de investimento alternativas disponíveis, pelo custo do empréstimo de capital ou, no caso de organizações públicas, por requisitos governamentais (AIE 1991). Uma taxa de juro real elevada desencoraja o investimento em projectos porque aumenta o custo de oportunidade do capital e introduz uma tendência contra o investimento a longo prazo, favorecendo os projectos a curto prazo. Além disso, duas considerações éticas, a equidade intergeracional e os princípios democráticos (Read 1994) sugerem que os eleitores gostariam que os governos assumissem a responsabilidade por decisões a longo prazo que ultrapassam os poderes do indivíduo. Estes factores, juntamente com o facto de os mercados monetários serem influenciados por outros factores para além da preocupação dos investidores em assegurar o seu próprio futuro, levaram à procura de uma taxa social de desconto (Read 1994).

A taxa social de desconto é utilizada em cálculos de valor atual relacionados com escolhas de longo prazo feitas no sector público. Em geral, essas taxas sociais de desconto são inferiores às taxas de juro do mercado e situam-se tipicamente entre 1-4% (1-4%), dependendo da taxa de crescimento esperada da atividade económica per capita (Read 1994). Cline, em 1993, defendeu que a taxa de desconto global adequada deveria ser de cerca de 2% ao ano, em termos reais, devido ao facto de a taxa de desconto ter uma influência invulgarmente forte devido ao horizonte temporal extremamente longo do aquecimento global. Para além disso, os custos de redução ocorrem cedo, enquanto os benefícios aparecem após várias décadas. Uma taxa de desconto mais elevada é, portanto, desfavorável aos projectos de redução do aquecimento global.

Birdsall (1993) argumentou que a redução da taxa de desconto é um instrumento imperfeito e enganador para ter em conta a incerteza e o impacto ambiental irreversível a longo prazo. Além disso, a inadequação do investimento ambiental para fazer face ao aquecimento global pode dever-se à incapacidade de ter em conta os danos ambientais na análise custo-benefício e não à elevada taxa de desconto (Birdsall 1993, Pearce 1989). Além disso, Pearce argumentou que uma taxa demasiado baixa induziria projectos de capital intensivo e promoveria investimentos com elevados custos iniciais, que poderiam ser igualmente prejudiciais para o ambiente. As necessidades da geração futura serão satisfeitas se os recursos escassos forem canalizados para projectos e programas que apresentem as mais elevadas taxas de rentabilidade ambiental, social e económica (Birdsall 1993). Por conseguinte, a taxa social de desconto é mais elevada quando a taxa de crescimento prevista é elevada e mais baixa quando o futuro está estagnado, a fim de desviar a atual taxa de consumo de recursos para a preservação de um futuro para a geração seguinte. Assim, Tribe 1995 afirmou que "não se pode aplicar uma taxa de desconto padrão a todos os sectores e a todos os projectos. Um juízo inicial sobre um equilíbrio adequado de investimento entre sectores pode ser feito com base noutros critérios económicos, bastante gerais, enquanto as comparações baseadas em cálculos no âmbito do quadro de desconto são utilizadas para discriminar entre projectos num sector específico".

CAPÍTULO 3

3.0 SECTOR ENERGÉTICO DO GANA

Em todos os sectores do mundo, há um interesse crescente no investimento em projectos de energia sustentável. O aumento do crescimento neste sector constitui um meio de reduzir as emissões de dióxido de carbono, de garantir a segurança do aprovisionamento energético e, no Gana, em particular, de contribuir para os projectos de eletrificação rural que decorrem há mais de 15 anos. O investimento no sector da energia contribuirá também para o crescimento económico e para a redução da pobreza, tornando a energia limpa acessível às populações rurais pobres. A energia, enquanto necessidade básica importante da vida, é um problema no Gana e muitas pessoas estão a lutar para ter acesso a energia moderna. Neste capítulo, serão discutidas as instituições envolvidas na formulação da política energética. O capítulo analisará a situação da procura e da oferta de energia no Gana. A sustentabilidade das actuais fontes de energia e a forma como podem ser melhoradas para satisfazer a procura farão parte deste capítulo.

3.1 Ambiente institucional

Existem várias instituições no sector da energia que têm poderes legislativos para tratar de questões relacionadas com a indústria da energia do Gana. Estas instituições são

O Ministério da Energia (MdE); É o órgão máximo com a responsabilidade exclusiva de formular, monitorizar e avaliar políticas, programas e projectos no sector da energia. Além disso, a implementação do Plano Nacional de Eletrificação, que visa alargar o acesso à eletricidade a todas as comunidades a longo prazo, faz parte do seu mandato a longo prazo. O ministério está encarregado de lidar com todos os desafios que o sector da energia do Gana tem de enfrentar para criar uma indústria energética verdadeiramente competitiva que: crie fornecimentos de energia a preços acessíveis, melhore a fiabilidade da energia, proporcione eficiência e segurança, proteja e melhore a segurança pública, o bem-estar económico e uma elevada qualidade ambiental. (MdE 2005)

Autoridade do Rio Volta: Entidade estatal responsável pelo desenvolvimento, produção e transporte de energia hidroelétrica no Gana. Fornece cerca de 70% da eletricidade total produzida no país (GEF 2005) e vende energia aos principais consumidores domésticos, como a Electricity Company of Ghana (ECG), Northern Electrification Department (NED), as minas, Akosombo Township, AKOTEX e ALUWORKS. A VRA explora a maior instalação de produção no Gana, a central hidroelétrica de Akosombo. Exporta energia para os países vizinhos da Costa do Marfim, do Togo e do Benim. A VRA é responsável pela produção, transporte e distribuição de energia eléctrica no sector norte do país (regiões de Brong Ahafo, Norte, Alto Oriente e Alto Ocidente) e pela aplicação do Sistema Nacional de Eletrificação (NES) nestas regiões (RCEER 2005). **O Departamento de Eletrificação do Norte (NED)** é uma filial da VRA responsável pela distribuição de eletricidade no sector norte.

The Electricity Company of Ghana (Companhia de Eletricidade do Gana); entidade estatal responsável pela distribuição de eletricidade aos clientes do sector meridional, nomeadamente das regiões ocidental, de Ashanti, central, de Volta, oriental e da Grande Accra do Gana. É também responsável pela implementação do Plano Nacional de Eletrificação nestas regiões. A ECG é a empresa que os clientes contactam quando têm problemas de serviço, tais como faturação, ligações de linhas e contadores (Kerekezi 1993).

A Comissão Reguladora dos Serviços Públicos (PURC): Esta é uma agência independente que está envolvida no cálculo e fixação das tarifas de energia eléctrica, educa os clientes sobre os serviços de energia, bem como sobre a eficiência e conservação de energia e assegura a eficácia do investimento (Atiamo 2005).

A Comissão da Energia (CE): O organismo regulador estatutário do sector da energia no Gana. Licencia organizações privadas e públicas que operam no sector da eletricidade. Também recolhe e analisa dados e contribui para o desenvolvimento de políticas energéticas no país (Ministério da Energia 2005).

A Fundação para a Energia (EF): Trata-se de uma iniciativa de uma fundação privada do Ministério da Energia criada em 1997 para promover programas de eficiência e conservação de energia. Algumas das suas actividades centram-se na prestação de apoio técnico à indústria e na introdução de lâmpadas fluorescentes compactas (CFL) em todo o país. Também é especializada em soluções de eficiência energética e de energias renováveis para clientes residenciais, industriais e comerciais no Gana.

Companhia Nacional de Petróleo do Gana (GNPC): A principal função da GNPC é facilitar a exploração e o desenvolvimento dos recursos de hidrocarbonetos no país de uma forma sistemática, de modo a obter o máximo benefício desses recursos com o objetivo geral de se tornar um exportador líquido de produtos de hidrocarbonetos.

3.2 Política energética

As políticas do sector da energia implementadas pelo Ministério da Energia baseiam-se numa estratégia com o objetivo geral de

- Melhorar a produtividade e a eficiência na aquisição, transformação, distribuição e utilização dos recursos energéticos;

- Reduzir a vulnerabilidade do país a perturbações a curto prazo nos recursos energéticos e nas bases de abastecimento;

- Assegurar a disponibilidade e a distribuição equitativa de energia a todos os sectores socioeconómicos e regiões geográficas (Kerekezi 1993);

- Consolidar e acelerar o desenvolvimento e a utilização das fontes de energia indígenas do país, especialmente a lenha, a energia hidroelétrica, o petróleo e a energia solar (Ofosu-Ahenkorah 2005).

No âmbito do Plano Nacional de Eletrificação, o Governo do Gana propôs uma despesa de cerca de 350.000 dólares para as energias renováveis em 2000, especialmente para o desenvolvimento de indústrias solares (AREED 2005). O governo também está empenhado em eletrificar todas as comunidades com uma população superior a 5000 habitantes até 2020 e a quota de energias renováveis para esta eletrificação deverá ser de cerca de 2% (Abeeku 2001).

3.2.1 O Sistema Nacional de Eletrificação (NES)

O Esquema Nacional de Eletrificação tem sido uma das políticas energéticas do Gana que tem sido implementada com sucesso (Mawuli 2000). O Governo iniciou o programa com a ajuda de doadores em 1989. O desejo do governo de eletrificar todo o país até ao ano 2020 levou ao NES, que envolve a extensão da rede nacional de eletricidade a todas as partes do país (Kerekezi 1993). Nessa altura, a rede nacional era alimentada pela energia hidroelétrica de duas barragens em Akosombo e Kpong. Esta atividade levou ao abandono de várias centrais a diesel, que eram utilizadas para fornecer eletricidade em certas partes do país. Este programa eliminou as emissões de poluentes como o dióxido de carbono e outros gases nocivos e partículas que provinham destas centrais a gasóleo. A disponibilidade de eletricidade também incentiva a mudança do carvão para a eletricidade para cozinhar e aquecer alguns agregados familiares (Kerekezi 1993).

O Ministério da Energia desempenhou um papel muito importante no planeamento, coordenação e financiamento da Estratégia Nacional de Emprego, enquanto o ECG e outras empresas privadas estiveram envolvidas na execução efectiva do programa.

3.3 Visão geral dos recursos energéticos

Os novos recursos energéticos e as tecnologias integradas de energias renováveis podem garantir o futuro energético do Gana e contribuir em grande medida para reduzir as emissões de gases com efeito de estufa no país, contribuindo assim para a campanha universal sobre as alterações climáticas. O recurso energético mais sustentável no Gana é a energia solar. Existem mais de 4.000 pequenos sistemas fotovoltaicos fora da rede, que foram instalados em todo o país com uma capacidade total de 1MW em 2001 (Ghana Energy foundation GEF 2005). O Gana, que é um país costeiro, também tem acesso ao vento. Apesar dos avanços na tecnologia da energia eólica no mundo, esta não foi explorada para fins económicos no Gana. Para provar a viabilidade económica da energia eólica no Gana, o GEF e a SWERA instalaram turbinas eólicas nas zonas costeiras da região de Volta para avaliar a sua viabilidade comercial. A biomassa é a fonte tradicional de energia no Gana e mais de 60% da população utiliza-a para cozinhar. Mas nenhuma é utilizada para a produção de energia eléctrica. Existe potencial para a produção de eletricidade a partir do biogás, mas devido aos baixos preços da eletricidade, ainda não foi desenvolvido.

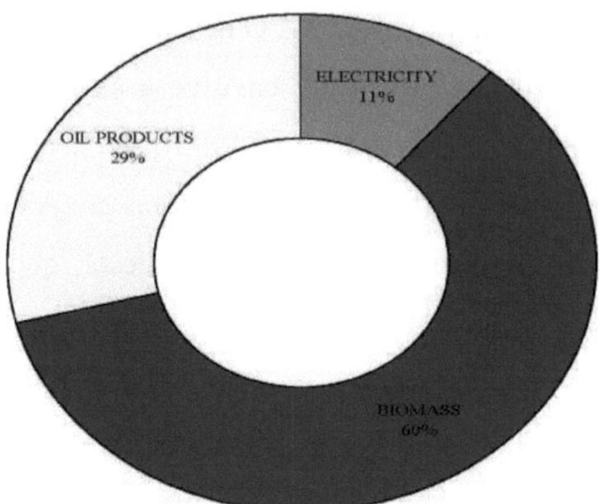

Figura 3.1 Composição energética do Gana. (Fonte: Fundação de Energia do Gana 2005)

A percentagem relativa das diferentes fontes no total da energia no Gana é ilustrada na Figura 3.1. A energia hidroelétrica e a importação de combustíveis fósseis são as principais fontes de energia para a produção de eletricidade, que representou 11% (11%) do consumo total de energia em 2000. A eletricidade e os produtos petrolíferos representam 40% do consumo total de energia no país. O Gana também depende de importações da Costa do Marfim para complementar a procura interna nas horas de ponta. Prevê-se que a produção de eletricidade no país passe de uma base predominantemente hidroelétrica para uma base térmica, que depende do gás natural. Isto poderá ser possível graças ao projeto de gasoduto da África Ocidental, que deverá transportar gás natural da Nigéria para o Gana através do Benim e do Togo. Além disso, foi descoberto petróleo no Gana, o que contribuirá para a procura de uma fonte de energia segura.

A energia hidroelétrica é uma área em que o Gana tem alguma experiência e potencial devido ao facto de a maior parte da atual produção de eletricidade no Gana provir da energia hidroelétrica. Estima-se que o Gana tenha potencial para 800MW de energia hidroelétrica de pequena escala. Apesar de todo o enorme recurso no Gana, a energia hidroelétrica de pequena escala não tem sido muito bem desenvolvida no país (MoE 2005).

A composição da produção de eletricidade instalada em 2004 é ilustrada na Tabela 3.1. Esta mostra a predominância da energia hidroelétrica, cuja produção atual está abaixo da capacidade devido à descida do nível da água na albufeira.

Quadro 3.1 Capacidades de produção de eletricidade em 2004.

Central eléctrica	**Capacidade instalada (MW)**	**Produção de eletricidade (GWh)**
Akosombo Central hidroelétrica	1038	4404
Central hidroelétrica de Kpong	160	876
Central térmica TAPCO	330	536
Central Térmica TICO	220	222
Total	**1748**	**6038**

(Fonte: Ghana Energy Foundation 2005)

A eletricidade pode ser produzida a partir de fontes de energia renováveis, como o vento, as pequenas centrais hidroeléctricas e a biomassa. Mas estas fontes não foram desenvolvidas a um nível significativo. A atual crise energética, discutida na secção 3.3, levou os decisores e os peritos em energia do país a favorecer a energia nuclear e há muito interesse nesta fonte de energia, mas está longe de ser uma realidade. O Gana aspira a tornar-se um país de rendimento médio até 2015. Para atingir esse estatuto, será necessária uma forma integrada de sistemas energéticos, uma vez que uma única solução energética não pode suportar a procura de energia num país com o objetivo de atingir um estatuto de rendimento médio até 2015.

3.2 Crescimento, padrão e consumo de energia

A taxa de consumo de energia no Gana está a aumentar e segue a tendência geral do crescimento económico. O sector energético doméstico da economia representa quase 59% do consumo de energia do país. Esta enorme procura por parte do sector residencial do país deve-se à elevada utilização de combustível de madeira ou biomassa, que compreende principalmente 76% de lenha e o resto de carvão vegetal (MoE 2005).

O acesso nacional ao abastecimento de eletricidade em 2005 era de cerca de 43%

(43%), dos quais 80% (80%) do abastecimento doméstico é consumido nas cidades e zonas urbanas (GEF 2005).

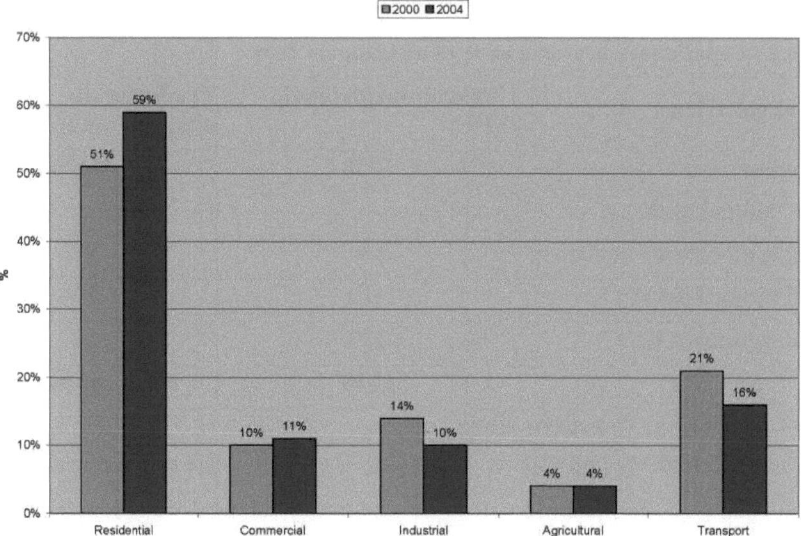

Figura 3.2 Padrões de consumo de energia em 2000 e 2004. (Fonte; MdE 2005)

Os padrões globais de consumo de energia em 2000 e 2004 no país são apresentados na Figura 3.2. A tendência do consumo de energia está a mudar rapidamente devido a vários factores que incluem o crescimento económico e a capacidade das pessoas para comprarem produtos que consomem energia. A elevada procura de eletricidade foi desencadeada, em parte, pela aplicação do Programa Nacional de Eletrificação. Embora este tenha melhorado a vida das pessoas, levou a capacidade hidroelétrica ao limite. Verificou-se um aumento da importância relativa da procura de energia no sector residencial de cerca de 8% (8%) e de cerca de 1% (1%) no sector comercial, ao passo que a importância relativa do sector industrial e dos transportes diminuiu, tendo o sector agrícola permanecido inalterado. O consumo médio é de cerca de 5,8 (MTOE) por ano, com um crescimento de 0,2 MTOE/ano, cerca de 3,4 por cento (3,4%) por ano (GEF 2005).

Nesta fase da sua reforma económica, o Gana tem dificuldade em satisfazer a procura de energia e importa muita energia para a complementar. A tendência atual do total de importações e exportações de energia é ilustrada na Figura 3.3. Existe um défice de energia no sector energético.

O défice energético continuará a aumentar à medida que a procura de padrões de vida mais elevados se mantiver. A capacidade das centrais eléctricas instaladas comercialmente não está a aumentar e, de facto, as actuais capacidades instaladas estão a deteriorar-se rapidamente devido à dependência da natureza para obter energia. Mas a natureza está sempre a mudar e, para poder sobreviver num sistema tão dinâmico, é necessário que haja uma política energética forte e disponibilidade de recursos.

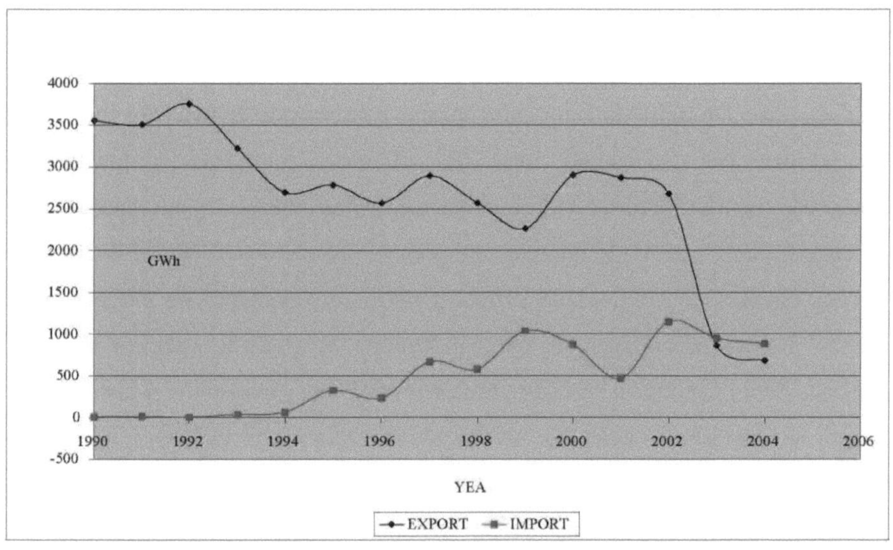

Figura 3.3 Total de importações e exportações de energia 1990-2004 (Fonte: MoE 2005)

A procura de eletricidade é apresentada no Quadro 3.2 e pode ser comparada com a taxa de produção atual de 1500MW. Estas projecções baseiam-se em taxas de crescimento de 5 por cento (5%), 7,5 por cento (7,5%) e 10 por cento (10%) até 2020. Com base nestes pressupostos e projecções, é provável que se verifique uma grave crise energética no país (Abeeku 2001).

Quadro 3.2 Projeção da procura de eletricidade até 2020

Capacidade atual (MW)	**1500**	**1500**	**1500**
Taxa de crescimento (%)	5	7.5	10
Fator de multiplicação	2.7	4.2	6.7

2020 Capacidade necessária (MW)	4,091	6,550	10,374

(Fonte: Abeeku 2001)

As projecções prevêem um futuro muito sombrio para o sector energético do Gana, que necessita de uma intervenção rápida e de um plano diretor para a energia. A intervenção dependerá de quanto os consumidores estão dispostos a pagar pela energia que consomem sem subsídios governamentais substanciais. Os pormenores do custo da energia serão analisados no capítulo seguinte.

3.3 Sustentabilidade do atual sistema energético

De 1982 a 1984, a bacia do Volta registou a seca mais grave da sua história. O total das afluências à albufeira do lago Volta durante este período de três anos foi inferior a 15% (quinze por cento) do total das afluências previstas a longo prazo. Consequentemente, a central hidroelétrica funcionou abaixo da sua capacidade. O fornecimento de eletricidade durante este período foi racionado (RCEER 2005). Em 1998, os clientes de eletricidade sofreram outro racionamento de energia que foi atribuído à fraca precipitação e, por conseguinte, o nível de água na albufeira é demasiado baixo para que a barragem funcione em plena capacidade. A história voltou a repetir-se em 2006, quando a Autoridade do Rio Volta (VRA) e a Electricity Company of Ghana (ECG) anunciaram que, devido ao afluxo inferior ao normal nos afluentes do lago Volta, as entradas de água na barragem do Volta este ano foram inferiores à média (MoE 2005). Consequentemente, o ECG e a VRA instituíram um programa de gestão da carga para otimizar a utilização da água disponível na albufeira de Volta, a fim de a elevar a um nível apreciável para restabelecer a produção normal de 2006 a 2007 (MdE 2005).

Imediatamente após a crise energética de 1999, houve um enorme afluxo de empresas que se dedicavam à conceção, instalação e venda de sistemas fotovoltaicos e de sistemas de energias renováveis, mas muito poucas destas empresas estavam ativamente envolvidas neste negócio em meados de 2000. Entre as razões para tal contam-se o fraco desenvolvimento de planos de negócios e o elevado custo financeiro dos sistemas fotovoltaicos (Mawuli 20 00).

O Gana depende fortemente da barragem de Akosombo para obter eletricidade, que também depende do volume e do nível de água no lago. A barragem tem estado a funcionar abaixo da sua capacidade devido aos baixos níveis de água, o que tem sido atribuído à evaporação e ao facto de o lago Volta ter sido represado no curso superior no Burkina Faso. A central térmica suplementar também não está a funcionar com a sua capacidade devido à importação de gás e, por conseguinte, à elevada dívida no sector da energia devido aos baixos preços da eletricidade.

A secção mais vulnerável do sector da energia é a produção de eletricidade. Existe uma secção potencialmente sustentável no sector energético em geral, uma vez que a biomassa é muito utilizada no país para cozinhar e aquecer. No entanto, atualmente, esta é apenas a forma tradicional de biomassa e necessita de algumas melhorias para se tornar mais viável comercialmente e sustentável do ponto de vista ambiental através da prática da florestação.

Para além dos factores que foram mencionados, há também uma questão de restrições financeiras que o governo enfrenta porque o Gana depende do apoio orçamental das agências doadoras e não tem sido capaz de atribuir dinheiro para o desenvolvimento do sector da energia e, mesmo que o tenha feito, o montante é muito pequeno e acaba em projectos de energia não rentáveis (Ofosu-Ahenkorah 2005).

3.4 Desafios na prossecução de um sistema energético sustentável

São vários os desafios que o Gana enfrenta no sector da energia. Estes desafios são gerais e específicos do país.

Atualmente, a maior parte dos sistemas de energia sustentável são melhores para a produção distribuída, ou seja, a produção de eletricidade está próxima do local de consumo final, com poucas excepções, e os custos desses sistemas são muito elevados para as populações rurais cujas fontes predominantes de rendimento provêm da agricultura de subsistência. Além disso, o projeto de eletrificação rural, que foi apoiado por agências doadoras, tem sido muito bem sucedido no país e, em 2000, todas as capitais de distrito estão ligadas à rede nacional e o objetivo do projeto é fornecer eletricidade a todas as partes do Gana até 2020. Tratou-se de um plano de vistas curtas, uma vez que não considerou a origem da energia ou da eletricidade, mas decidiu alargar a base da procura sem um aumento direto da produção. Com o objetivo do Plano Nacional de Eletrificação, resta pouco espaço para a produção descentralizada, como a energia solar fotovoltaica. Como afirma Mawuli (2000), as comunidades estão convencidas de que a ligação à rede será em breve alargada a elas.

As ineficiências operacionais das empresas de serviços públicos conduzem a perdas elevadas e, consequentemente, a um aumento dos custos de fornecimento e distribuição no sector. Embora as altas tensões ajudem a empurrar a corrente na transmissão e distribuição, a eletricidade dissipa-se sob a forma de calor ao longo das linhas de transmissão. Esta perda de eletricidade, designada por perda de linha, é elevada se as empresas de serviços públicos não procederem à manutenção das linhas eléctricas. Em 2001, a Comissão Reguladora dos Serviços Públicos estimou que a perda de linhas no Gana é de cerca de 14% (14%). Para além das perdas nas linhas, existem cerca de 14% (14%) de perdas não técnicas associadas a ligações ilegais e ao consumo não pago.

Também não há envolvimento do sector privado no sector energético do Gana em geral e todas as responsabilidades em matéria de energia são deixadas ao governo central e qualquer falha da sua parte significa um fracasso total para todo o sector energético. Esta situação não é específica do Gana, mas da maioria dos países em desenvolvimento, porque o preço pago pela energia é altamente subsidiado. A tarifa para os clientes residenciais tem uma tarifa vitalícia para o baixo consumo, que foi fixada em 50 kWh no máximo por mês em 2000. O Governo do Gana subsidia a tarifa vitalícia em cerca de 1 dólar por mês (RCEER 2005). O total de subsídios devidos pelo governo às empresas de serviços públicos e de distribuição no final de 2003 variava entre 400 000 e 1 400 000 dólares americanos. As tarifas de eletricidade são discutidas no capítulo quatro.

Isto exige mecanismos financeiros para o sector da energia sustentável e a participação do sector privado. Mas o sector privado está orientado para o lucro e, por conseguinte, será capaz de tomar decisões informadas quando os indicadores financeiros forem corretos e sabe que o investimento neste sector terá um baixo risco. Este é um dos maiores desafios de todo o sistema de energias renováveis em todo o mundo. O atual preço elevado do petróleo e as alterações climáticas que lhe estão associadas, que suscitaram um debate mundial, estão a preparar o terreno para o investimento em energias sustentáveis, mas no Gana o investimento é inadequado para satisfazer a procura crescente devido à falta de capital.

O Gana também enfrenta custos de energia relativamente elevados, mas, para que o défice energético possa ser colmatado com recurso a energias sustentáveis, é necessário efetuar uma investigação exaustiva dos indicadores financeiros para desenvolver uma estratégia de energia sustentável a longo prazo que permita reforçar a confiança dos investidores. Todos estes factores, juntamente com o aumento da população e a procura de um bom nível de vida, obrigaram o Ministério da Energia a agir agora.

CAPÍTULO 4

4.0 INVESTIMENTO POTENCIAL EM ENERGIA NO GANA

As energias renováveis podem desempenhar um papel importante no sector energético do Gana, fornecendo energia eléctrica a zonas onde a rede nacional não pode ser alcançada. O Gana tem um baixo nível de utilização de energias renováveis, mas a falta de precipitação nos últimos anos criou um enorme défice de energia e reforçou a necessidade de fontes de energia mais sustentáveis.

Este capítulo analisará as condições gerais e as políticas que favorecem o investimento no país e, em particular, no sector da energia. Este capítulo será complementado por uma visão geral do mercado da energia e de quanto os clientes comerciais e domésticos estão a pagar pela energia que consomem, bem como das oportunidades que existem atualmente para investir em energia sustentável para colmatar a lacuna energética.

4.1 A economia do Gana

O Gana está situado na África subsariana, com uma população estimada em 20,6 milhões de habitantes em 2003 e uma densidade populacional de 88/km2. O Gana é um país democrático com dez regiões. A economia do Gana é predominantemente agrícola e a maioria da sua população dedica-se à agricultura. A principal cultura de rendimento do país é o cacau e os seus produtos, que fornecem cerca de dois terços das suas receitas de exportação. O país tem uma indústria mineira estabelecida. Os principais minerais produzidos e exportados são o ouro, o diamante, o minério de manganês e a bauxite. A exploração de recursos petrolíferos e de gás está em curso há décadas e, em junho de 2007, o Ministro da Energia anunciou a descoberta de petróleo em quantidades comerciais.

A base industrial é relativamente avançada em comparação com outros países da África Subsariana. A base industrial do Gana inclui aço, refinaria de petróleo, pneus, têxteis, moinhos de farinha, tabaco, bens de consumo simples, automóveis, camiões e montagem de autocarros (Ministério do Comércio e da Indústria). A indústria do turismo tornou-se um dos maiores contribuintes para o rendimento estrangeiro do país, com cerca de 600 milhões de dólares em 2003 (MoFEP 2007).

A economia do Gana está a registar um bom crescimento e os números mostram que o crescimento do Produto Interno Bruto (PIB) do país para 2007 e 2008 seria de 6% (6 por cento) (MoFEP 2007).

Os indicadores económicos médios durante um período de 10 anos (1993-2003) são apresentados no quadro 4.1.

Quadro 4.1 Indicadores económicos médios no Gana de 1993 a 2003

População em milhões (2003)	**20.6**
Crescimento da população (%)	**2.7**
Crescimento do PIB (%)	**4.3**
Crescimento do rendimento per capita (%)	**1.5**
Inflação (%)	**31.8**
Taxa de empréstimo (%)	**20.8**
Taxa de juro real (%)	**5-10**

(Fonte: Banco Mundial 2005)

Um estudo da Organização Internacional do Trabalho (OIT 2005) afirma que a transformação estrutural da economia do Gana limitou o desenvolvimento de novas e melhores oportunidades de emprego e a plena utilização da mão de obra, pelo que a maioria das oportunidades de emprego continua a consistir em actividades agrícolas de baixo rendimento e no sector informal. Os empregos formais nos sectores público e privado diminuíram e o desemprego persistente, o subemprego e o crescimento de formas precárias de emprego são as caraterísticas da economia (ILF 2005). De acordo com o inquérito sobre as normas de trabalho no Gana (GLSS) de 2000, dos 9 milhões de trabalhadores com idades compreendidas entre os 15 e os 64 anos, 52% (52%) trabalhavam por conta própria na agricultura, 34,3% (34,3%) na economia informal e apenas 13,7% (13,7%) trabalhavam no sector público ou privado formal. O IELS também estimou uma taxa de desemprego entre a força de trabalho de cerca de 6,6% (6,6%), mas outros relatórios estimam que a taxa de desemprego é de 30-35% (30-35%) da força de trabalho (ILO 2005). O salário mínimo mensal é de US$ 47 e o rendimento médio anual per capita é de US$ 564 (MoFEP 2007).

4.2 Clima de investimento

Atrair investidores estrangeiros é uma prioridade do Governo do Gana, que continua a incentivar o investimento estrangeiro como parte integrante da sua política económica. O Conselho Consultivo para o Investimento do Gana (GIAC), criado com a ajuda do Banco Mundial, é composto por observadores nacionais, multinacionais e institucionais, como o FMI, o Banco Mundial e o PNUD. O conselho ajuda a definir a política económica do governo com o objetivo de criar um ambiente propício ao investimento. A única condição prévia para o investimento estrangeiro no Gana é de carácter financeiro. O Conselho de Promoção do Investimento do Gana (GIPC) exige que os investidores estrangeiros satisfaçam requisitos mínimos de capital. Uma vez satisfeito este requisito e apresentados todos os documentos necessários, o investimento deve ser registado em 5 dias úteis, embora este prazo possa ser significativamente mais longo (Ministério do Comércio e da Indústria 2007). Após o registo, o investidor tem direito a todos os incentivos fiscais previstos na lei de investimento do Conselho de Promoção do Investimento do Gana.

No sector da energia, o governo introduziu regimes de produção independente de energia (IPP) e reformas como o aumento das tarifas de energia baixas para o nível internacional (RC EER 2005).

Uma reforma institucional, como a IPP, tem por objetivo fazer com que o sector da energia passe da sua estrutura monopolista e centralizada para um mercado competitivo. Desde 1980, o governo tem utilizado pequenas taxas pagas sobre os produtos petrolíferos para financiar projectos energéticos no país. Estas pequenas taxas pagas a um fundo de energia são utilizadas para promover projectos de energias renováveis e de eficiência energética.

4.3 O mercado da energia

O mercado da eletricidade no Gana divide-se em dois: o mercado regulamentado e o mercado desregulamentado. O mercado regulamentado destina-se a todos os clientes que não sejam grandes clientes de eletricidade. Um grande cliente é qualquer cliente cuja procura anual de eletricidade seja superior a 6 GWh durante um período de três anos. A Public Utilities Regulatory Commission (PURC) regula este mercado e negoceia os preços em nome dos clientes. O mercado desregulamentado é constituído por clientes a granel. Estes clientes podem negociar os preços da energia diretamente com os produtores sem a PURC. Para obter este estatuto, é necessário apresentar um pedido de classificação à comissão de energia.

Cerca de 43% (43%) da população tem acesso à eletricidade em 2005 (GEF 2005). Isto significa que cerca de 3000 comunidades não têm acesso à eletricidade e muitas destas comunidades não serão servidas com eletricidade num futuro próximo com a atual situação energética e estando localizadas fora da rede (Mawuli 2000). Para além dos agregados familiares fora da rede, muitas instituições como escolas, hospitais e gabinetes governamentais estão localizados em zonas fora da rede. Muitos destes agregados familiares e instituições são potenciais clientes de energia sustentável e podem ser servidos com sistemas de energia solar e outras fontes de energia renováveis disponíveis no país. Com base na penetração da rede nacional, o mercado fotovoltaico do Gana foi estudado por Mawuli em 2000 e é apresentado na tabela abaixo.

T able 4.2. Potenciais utilizadores de sistemas fotovoltaicos e distribuição

Grupo de mercado	**Exemplo de aplicação**	**Dimensão estimada do mercado** (Número de sistemas)
Agregados familiares em zonas rurais e fora da rede	Sistemas de iluminação doméstica, Armazenamento de água para uso doméstico, Sistema de energia doméstica	20000
Instituições em zonas rurais e fora da rede	Telefonia rural, vacinas, refrigeração Irrigação	800
Sistemas de base comunitária	Abastecimento de água Iluminação comunitária e iluminação pública	800
Outras aplicações	Sistema de cópia de segurança e comunicações	5000

(Fonte: Mawuli 2000)

Este estudo é meramente indicativo do potencial do mercado e será necessária uma análise pormenorizada para determinar a dimensão real do mercado (Mawuli 2000). Os níveis alcançáveis da dimensão real do mercado dependerão dos níveis de marketing das empresas, bem como dos incentivos fornecidos pelos programas governamentais e pelos mecanismos de financiamento. Isto deve-se ao facto de os níveis de rendimento para poder pagar sistemas fotovoltaicos estarem muito acima do rendimento destas comunidades e instituições (Mawuli 2000).

4.3.1 Preços da energia

A fixação de preços é um dos mecanismos que a Administração Nacional de Energia tem utilizado para atingir os seus objectivos ambientais (Kerekezi 1993). Os preços da energia no país são fixados com base nos princípios da recuperação total dos custos de todos os investimentos efectuados para assegurar, produzir, processar, transportar e comercializar serviços e produtos energéticos (RCEER 2005). Os preços dos produtos petrolíferos são determinados com base na recuperação total dos custos de aquisição, refinação e distribuição dos produtos petrolíferos. Há algumas indicações de que este mecanismo de fixação de preços conduziu a uma maior eficiência na utilização da energia. (Karekezi 1993). O petróleo bruto é importado e processado na única refinaria do país (TOR). Os preços actuais dos produtos petrolíferos são apresentados na Tabela 4.3.

Quadro 4.3. Preços dos produtos petrolíferos

Categoria	Preço/litro (US$)
Gasóleo	0.65
Gasolina	0.73
Gás de petróleo liquefeito (GPL)	0.55
Querosene	0.52

(Fonte: MdE 2005)

O mecanismo de fixação de preços tem em conta as questões ambientais, mas é de molde a incentivar a utilização de gás de petróleo liquefeito (GPL) para cozinhar, em vez de carvão vegetal. A composição do preço do GPL inclui vários incentivos, como a garrafa e o transporte gratuitos, e não inclui quaisquer impostos. O preço do carvão vegetal está fora do controlo do governo e é determinado pelas forças do mercado, sendo a fonte de energia mais cara por unidade de energia fornecida (Wireko-Brobby 1993).

O Ministério da Energia está atualmente a implementar um programa para organizar e ajudar os produtores de carvão vegetal e outras comunidades a reflorestar para tornar a utilização do carvão vegetal mais sustentável. Está também a ser desenvolvido um sistema fiscal que cobrará impostos sobre as operações de abate de árvores para financiar projectos de energias renováveis no país (Kerekezi 1993).

4.3.2 Preços da eletricidade

A tarifa do sector da energia baseia-se no conceito de custo marginal a longo prazo. Neste conceito, as tarifas reflectem o custo económico do fornecimento de eletricidade, de modo a promover uma afetação eficiente dos recursos (Karekezi 1993).

As questões de preços são cruciais em situações em que o objetivo é atrair investimento privado para a expansão ou para melhorar a capacidade existente. As receitas provenientes da melhoria da eficiência não podem, por si só, garantir a necessária rendibilidade do investimento. O capital privado investido deve ser recuperado através de tarifas económicas. Mas as tarifas baixas que os cidadãos dos países em desenvolvimento se habituaram a pagar não podem ser mantidas num ambiente de sector privado. O governo nem sequer as consegue manter, como o demonstrou o declínio dos níveis de serviços (Atiamo 2005).

No entanto, os aumentos de preços podem causar dificuldades sociais e agitação, especialmente quando os níveis de rendimento são baixos. Em muitos países em desenvolvimento, os subsídios são concedidos sob a forma de preços abaixo do custo marginal (RCEER 2005). Numa tentativa do governo de conceder subsídios para compensar o aumento do preço da eletricidade por um regulador, o governo anunciou o pagamento de 30% (trinta por cento) do novo preço para o consumo entre 1 e 50 kWh, o que custou cerca de 1,4 milhões de dólares num ano (Atiamo 2005).

Há quem defenda que os subsídios devem ser eliminados do mercado da energia. O argumento é que os subsídios conduzem a uma ineficiência na afetação dos recursos e a distorções no mercado. Aqueles que beneficiam de subsídios são desvinculados do custo real, aumentando assim de forma ineficiente a sua procura, enquanto aqueles que pagam um custo mais elevado podem começar a procurar fontes de energia alternativas (Atiamo 2005). Em situações excepcionais em que os subsídios devam ser considerados, devem ser bem orientados, deve haver certeza quanto a quem os paga e não devem ser permanentes (Banco Asiático de Desenvolvimento 2002).

Os preços da eletricidade no Gana em setembro de 2005 são ilustrados no Quadro 4.4. Tanto os consumidores residenciais como os não residenciais têm uma taxa fixa baseada na quantidade de eletricidade consumida. Um cliente residencial paga 2 dólares se o consumo mensal for até 50 kWh, entre 51 e 300 kWh o preço é de 6,2 cêntimos por kWh e o consumo acima de 300 kWh é cobrado a 11 cêntimos. Os primeiros 50 kWh de um mês são classificados como a ***linha de vida***. A ideia é tornar a eletricidade acessível aos mais pobres da comunidade, pelo menos para iluminação e aparelhos de baixa tensão (RCEER 2005).

Quadro 4.4 Preços da eletricidade em setembro de 2005.

Categoria		**Preço (US$)**
Residencial	0-50kWh (Lifeline)	2
	51-300 kWh	0,062/kWh
	300+ kWh	0,11/kWh
Não residencial	0-300 kWh	0,09/kWh
	300+ kWh	0,11/kWh
	Taxa de serviço/kWh	2,26/kWh

(Fonte: GEF 2005)

4.3.3 Impostos e isenções de direitos

O governo suprimiu o controlo fiscal, reduziu o imposto sobre as sociedades, o imposto sobre as vendas e o imposto especial de consumo (AREED 2005). A supressão dos controlos sobre as taxas de juro, os encargos bancários e a concessão de crédito significa que o sector privado pode agora obter capital próprio e empréstimos através de sociedades de capital de risco, capital próprio através da Bolsa de Valores do Gana e equipamento através de sociedades de locação financeira. A atual liberalização do comércio inclui a redução dos direitos aduaneiros para um máximo de 25% (25%) e a abolição dos sistemas de licenças de importação (AREED 2005).

Na sequência da escassez de energia em 1998, o governo eliminou os direitos de importação e o imposto sobre as vendas de sistemas de geração solar como medida para aumentar a importação de sistemas eléctricos solares e para incentivar a utilização de energia sustentável (Mawuli 2000). Mas, ao mesmo tempo, os impostos sobre os geradores a gasóleo foram reduzidos. A redação das isenções é por vezes pouco clara e os funcionários aduaneiros têm frequentemente dificuldade em atribuir um código de sistema harmonizado aos equipamentos de sistemas solares importados (Mawuli 2000).

Por exemplo, uma empresa de instalação que importa vários componentes de sistemas de geração de energia solar para montar no país teria de pagar direitos e impostos sobre os vários componentes, exceto o próprio módulo solar. Por outro lado, uma empresa que importa o conjunto completo, incluindo luzes e aparelhos, beneficia de isenção porque o kit é rotulado como "Sistema de Geração Solar" (Mawuli 2000). É necessário fazer mais no que diz respeito ao imposto sobre a energia sustentável no país, para que tenha uma boa hipótese de ajudar o Gana a satisfazer parte da sua procura de energia (Adanu 1994). Embora o sistema fiscal do país esteja cheio de concessões e torne a taxa de imposto efectiva muito baixa, os sistemas de energia sustentável continuam a ser bastante caros e têm custos iniciais elevados. A componente de custo da isenção de impostos tem pouco impacto na acessibilidade do sistema (Adanu 1994). O custo dos painéis solares constitui menos de metade do custo de todo o sistema e, por conseguinte, uma isenção de 10% dos direitos de importação resultará numa redução de preços de 5% se as economias forem transferidas diretamente para o cliente.

4.4 Colmatar o fosso energético no Gana

O Gana dispõe de enormes recursos energéticos renováveis. Os recursos energéticos sustentáveis com maior potencial no país para a produção de eletricidade são a energia solar, a energia hidroelétrica de pequena escala e a energia eólica. As fontes de energia de biomassa no país continuam a ser a principal fonte de energia utilizada predominantemente para aquecimento e para cozinhar nas zonas rurais. Este cenário continuará a ser o mesmo durante muito tempo (GEF 2005). E lectricidade é a fonte de energia mais crucial que o país está a lutar para fornecer. O défice de eletricidade à taxa de crescimento mais baixa proposta para o país seria de cerca de 2591 MW até 2020 (Abeeku 2001). Uma combinação de fontes de energia pode colmatar este défice de eletricidade. O atual nível de investimento em sistemas de energia sustentável no país é de apenas 1 MW de energia solar em funcionamento e nenhuma instalação hidroelétrica ou eólica de pequena escala. Com este nível de investimento e a economia geralmente associada à energia sustentável, esta poderá não ser capaz, por si só, de assegurar o futuro energético do Gana.

4.4.1 Que fonte de energia renovável?

A determinação da quantidade de energia que uma determinada fonte ou tecnologia pode fornecer na prática exige uma avaliação cuidadosa dos vários constrangimentos, técnicos, sociais e económicos na sua produção (Boyle 2004). Estas reduzem os recursos ou o potencial para algo mais realista. Embora exista um enorme recurso de biomassa, o potencial de produção de eletricidade a partir dela não tem sido muito bem desenvolvido. A ausência de eletricidade a partir da biomassa deve-se aos baixos preços da eletricidade (AREED 2005). O mesmo caso se aplica à energia eólica, mas tem havido alguns avanços na energia eólica e a avaliação de Abeeku 2001 mostrou uma velocidade média do vento de cerca de 6,2m/s a uma altura de 12m.

O Gana dispõe de bons recursos de energia solar. A irradiação diária situa-se entre 4 e 6 kWh/m^2 com uma duração anual de sol de 1800-3000 horas. Os níveis de radiação solar são mais elevados nas regiões do norte, que incluem uma grande parte das comunidades rurais.

Nunca é demais realçar o potencial da energia hidroelétrica de pequena escala. Estima-se que existam cerca de 40 centrais hidroeléctricas de pequena escala no Gana, com uma capacidade de cerca de 800 MW. O país pode também aproveitar a experiência da atual central hidroelétrica.

As projecções da produção de energia a partir de fontes renováveis no país até 2020 são ilustradas na Tabela 4.5 abaixo. Embora a energia eólica possa ser instalada e funcionar rapidamente, existe a necessidade de autorização de planeamento, questões legais, financiamento e outros factores sociais que devem ser considerados com muito cuidado e que podem resultar no atraso da sua instalação. Com a atual taxa de investimentos em energia eólica no mundo, pode demorar algum tempo até que esta capacidade seja atingida até 2020 num país em desenvolvimento como o Gana.

Quadro 4.5 Instalações de energia sustentável projectadas até 2020

Recursos	**Capacidade instalada (MW) até 2020**
Solar	260
Hidroelétrica de pequena escala	505
Vento	750
Total	**1515**

(Fonte: Abeeku 2001)

Até 2020, o défice de energia será de 1076 MW com a taxa de crescimento mais baixa de cerca de 5% (5%) e de 7359 MW com uma taxa de crescimento de 10% (10%), tendo em conta a capacidade instalada proposta para os sistemas solar, eólico e hidroelétrico de pequena escala. É evidente que esta projeção sugere a necessidade de procurar outras fontes para além da energia sustentável, uma vez que as energias renováveis não podem, por si só, fornecer a energia de que o país necessita.

4.4.2 O caminho para o futuro

O cenário atual sugere que a energia sustentável, por si só, não pode fornecer a eletricidade do Gana até 2020, pelo que são necessárias fontes de energia adicionais. O interesse pela energia nuclear ganhou terreno e gerou um grande debate sobre a sua oportunidade. A ideia é que, atualmente, o Centro de Energia Atómica do Gana explora um pequeno reator de laboratório e que, por isso, existe alguma experiência local. O argumento é que os conhecimentos especializados podem existir, mas há outras questões sociais, como a proteção, a segurança e a gestão dos resíduos nucleares.

Felizmente para o país, acaba de ser descoberto petróleo ao longo da costa do Gana, perto do Cabo das Três Pontas. A descoberta, em quantidades comerciais que variam entre 450 e 900 milhões de barris, pode influenciar o futuro planeamento energético e a produção de eletricidade.

A energia sustentável continuará a dominar o sector da energia no Gana porque o petróleo existe há muitas décadas e é a principal fonte de emissões de gases com efeito de estufa. Além disso, face ao petróleo, o mundo continua a procurar fontes de energia limpas. Por conseguinte, os sistemas de energia sustentável vieram para ficar e o seu desenvolvimento continuará a compensar a emissão de dióxido de carbono e de outros gases nocivos.

CAPÍTULO 5

5.0 FLUXO DE RECURSOS PARA UM SISTEMA FOTOVOLTAICO NO GANA

A análise dos recursos energéticos sustentáveis no país e a disponibilidade potencial de mercado nos capítulos anteriores sugerem que a energia solar, a energia hidroelétrica de pequena escala e a energia eólica são as fontes alternativas de energia mais promissoras. A questão que este capítulo irá analisar é se o ganês médio pode pagar pela energia proveniente destas fontes. Este capítulo analisará o fluxo de caixa de um sistema fotovoltaico com base nas projecções de Abeeku, analisando o VAL a duas taxas de desconto diferentes e efectuando uma análise de sensibilidade. Com base no fluxo de caixa e na sua análise de sensibilidade, será dada mais atenção aos factores que o governo pode considerar para desenvolver uma estratégia de investimento em energia sustentável no país. Os seguintes pressupostos foram adoptados para a análise;

- A capacidade de instalação do sistema fotovoltaico é de 10MW e é uma fração das projecções feitas por Abeeku em 2001, assumindo-se que será instalada ao longo de um período de 3 anos, numa sequência de 3MW, 3MW e, por último, 4MW

- O custo de capital para instalar o sistema é de cerca de US$ 6000 por quilowatt de eletricidade e os custos de operação e manutenção são de cerca de US$ 25/kWh por ano (Perez 2004).

- O Gana tem uma duração anual de sol entre 1800 e 3000 horas. A simulação assume uma média de 2400 horas de sol por ano.

- A capacidade de produção do sistema fotovoltaico é de 24 GWh por ano.

- O preço médio da eletricidade no Gana é de 0,11 dólares americanos no extremo superior, sem o subsídio vital. Esta tarifa de energia no país baseia-se no custo marginal a longo prazo (LRMC) e o objetivo é refletir o custo económico do fornecimento de eletricidade. O Capítulo 4 apresenta uma análise pormenorizada dos preços da energia.

- A vida útil do projeto do sistema fotovoltaico é de cerca de 30 anos (Perez 2004).

- A determinação da taxa de desconto é um problema central da avaliação de projectos, tanto no sector privado como no sector público. Uma taxa mais elevada é desfavorável aos projectos de longo prazo e favorece os investimentos de curto prazo. Por outro lado, taxas mais baixas incentivam projectos de capital intensivo e promovem projectos com custos iniciais elevados. Por conseguinte, foi utilizada uma taxa de desconto que reflecte o consumo médio per capita do Gana e o custo de oportunidade do capital no país. As taxas de desconto utilizadas para esta análise são de 4% (quatro por cento) e 8% (oito por cento). A taxa de desconto social, que é muito mais baixa do que as taxas de juro do mercado, depende da taxa de crescimento esperada da atividade económica per capita, tal como referido no capítulo 2. Também um aumento do consumo é razão suficiente para a sociedade descontar os benefícios futuros e um relatório de Dasgupta sugere que o desconto dos benefícios futuros é três vezes superior à variação percentual da taxa de consumo médio per capita. Isto coloca a taxa de desconto social para o Gana em 4% (quatro por cento), uma vez que o crescimento real do rendimento per capita é de 1,5% (um e meio por cento). Além disso, o custo de oportunidade do capital estimado para o Gana situa-se entre 5 e 10 por cento (5-10%) entre os anos 1994-2003 (Banco Mundial 2006). Uma média deste rendimento é de 7,5% (7,5%), pelo que se assumiu uma taxa de desconto de 8% (8 %).

5.1 Análise do fluxo de caixa do sistema fotovoltaico

Os módulos FV são classificados com base na potência fornecida em condições de teste padrão (STC) de 1kWh/M^2 de luz solar e uma temperatura de célula FV de 25°C (Andrew 2007). Um sistema fotovoltaico típico é composto por um conjunto de módulos para gerar energia eléctrica a partir da luz solar, uma bateria para armazenar a energia caso seja necessária durante a noite, um regulador ou controlador para manter a carga adequada das baterias e um inversor para converter a tensão de corrente contínua (CC) em tensão de corrente alternada (CA).

O custo de capital de um sistema fotovoltaico envolve a compra destes componentes. É o maior custo envolvido num sistema FV. O fluxo de recursos do sistema fotovoltaico de 10MW é ilustrado no apêndice (Tabela A1 e A8).

Com os actuais preços da energia no país, o investimento em energia sustentável no

Gana não seria atrativo para os investidores privados, nem mesmo à taxa de desconto de 4%. O fluxo de recursos produziu um VAL de 27 milhões de dólares a uma taxa de desconto de 8% e de 16,7 milhões de dólares a uma taxa inferior de 4%.

5.2 Análise de sensibilidade

A análise da viabilidade dos projectos de investimento é incerta porque se baseia em informações que, por vezes, se prolongam no futuro. Por conseguinte, é necessário verificar a fiabilidade dos pressupostos relativos à evolução futura de parâmetros importantes (Horst 1985). A análise de sensibilidade tenta quantificar as consequências económicas de uma evolução potencial mas imprevisível de parâmetros importantes. Se uma alteração num parâmetro de entrada induzir uma alteração significativa no parâmetro de saída, então o investimento é sensível a esse parâmetro. A fiabilidade desses parâmetros deve ser objeto de especial atenção, uma vez que pode afetar o êxito do investimento (Horst 1985).

A sensibilidade do investimento fotovoltaico foi testada para dois parâmetros, o custo de investimento e os preços de venda. O resultado da sensibilidade é ilustrado no apêndice (Quadro A3 a A8).

A alteração mais significativa no VAL deste projeto surge com a taxa de desconto mais baixa de 4% (4%) e o preço de venda da eletricidade a US$ 0,25/kWh. Estes dois parâmetros de entrada permitiram obter um VAL de 37,9 milhões de dólares. A redução do custo de capital em 25% (vinte e cinco por cento) produziu um VAL de US$ -2,8 milhões, uma redução significativa do VAL a uma taxa de desconto de 4% (quatro por cento), como se pode ver no anexo (Tabela A2).

O VPL a uma taxa de desconto de 8% (oito por cento) e um preço de venda de US$ 0,25/kWh é de US$ 7,49 milhões e a mudança no custo de capital teve pouco efeito sobre o VPL.

O fluxo de caixa que tem em conta os parâmetros de entrada do custo de capital e do preço de venda produziu os resultados mais significativos.

Para a taxa de desconto de 8% (oito por cento), tendo em conta o preço de venda da eletricidade de US$ 0,25 e o custo de investimento de US$ 4500/kW, o VAL foi de

US$ 20,4 milhões e a uma taxa de desconto de 4% o VAL foi de US$ 51,8 milhões.

Esta análise de sensibilidade prevê a forma como o custo de capital e o preço de venda da eletricidade no Gana podem afetar a decisão de investimento em energia sustentável. Embora o Gana seja um país em desenvolvimento, o impacto de uma taxa de desconto social mais baixa no investimento em energias renováveis no país não pode ser subestimado.

CAPÍTULO 6

6.0 DEBATE E CONCLUSÃO

É apresentada uma discussão sobre o custo ambiental no fluxo de caixa. É analisada uma política governamental que pode favorecer o investimento em energia sustentável e a forma como o custo do fornecimento de eletricidade através da rede nacional favorecerá o investimento no sistema fotovoltaico de 10 MW.

6.1 Impacto do custo ambiental e da política governamental no investimento em energia sustentável

Uma outra questão que suscita grande preocupação, expressa por Boyle 2004, é saber se todos os custos associados a uma determinada tecnologia energética estão verdadeiramente incluídos na equação económica. Estes incluem os custos resultantes da poluição atmosférica, da poluição sonora e os custos resultantes do risco de acidente de uma central eléctrica. A atribuição de valores monetários a estas externalidades é difícil e objeto de grande debate. A taxa de desconto social, que é inferior à taxa de mercado, tem um forte efeito no fluxo de caixa apresentado no capítulo 5 e, em 1994, esta taxa inferior pode depender do crescimento esperado da atividade económica per capita. Tal como ilustrado no fluxo de caixa, um desconto mais baixo, que tenha em conta os efeitos ambientais a longo prazo do projeto, tornará viável o investimento em energia sustentável no Gana ao preço da eletricidade de 25 cêntimos de dólar americano. Por conseguinte, a taxa de desconto social serve para decidir o que deve ser feito no interesse público a longo prazo (Read 1994).

Sem quaisquer incentivos, a energia fotovoltaica custava 6000 dólares/kW, mas após uma redução de 25% (25%) dos incentivos sobre o custo de capital, o investimento era viável a uma taxa de desconto mais baixa. Isto significa que, embora um incentivo governamental em créditos fiscais estatais possa contribuir muito para reduzir o custo do sistema fotovoltaico, não será viável para o investidor privado a uma taxa de desconto de 8%.

O Gana embarcou no programa de eletrificação rural há mais de uma década e estendeu a rede nacional a uma grande parte do país. Este programa não é barato, uma vez que o inquérito do PNUD previu um custo médio de cerca de US$ 8000 por km de extensão da rede nacional às comunidades rurais (REEEP 2006). Se este custo for incluído no fluxo de caixa do sistema fotovoltaico, o custo total de capital do sistema fotovoltaico será muito reduzido, tornando-o viável para as comunidades rurais e para as que estão longe da rede nacional.

O preço de venda da energia no Gana deve ser objeto de uma atenção especial, uma vez que o fluxo de caixa mostra que o preço de venda tem um efeito profundo no investimento. Embora o VAL à taxa de desconto elevada ainda fosse negativo, reduz-se drasticamente com um aumento dos preços da eletricidade. De acordo com Atiamo 2005, um bom preço da eletricidade sem causar agitação social é o fator-chave que encorajará a participação do sector privado no sector energético do Gana.

6.2 Conclusão

A procura de energia no Gana está a aumentar e o défice tem de ser colmatado para que o Gana esteja no bom caminho para atingir o estatuto de país de rendimento médio que espera alcançar até 2015. Atualmente, a fonte de energia sustentável mais atraente que pode contribuir para compensar o défice energético do Gana é a energia solar fotovoltaica.

O sistema fotovoltaico, que é a fonte de energia mais promissora, é caro no Gana e os países líderes (Japão, Alemanha e EUA) no desenvolvimento da energia fotovoltaica têm o programa nacional mais importante para a instalação de sistemas fotovoltaicos. O Japão concede subsídios diretos para a instalação de sistemas FV e a Alemanha aplica uma política em que cada kWh de eletricidade produzida a partir de FV numa rede pública recebe cerca de€ 0,456 (WEC2004). A implementação de uma política semelhante no Gana encorajará o investimento em energia sustentável, mas o Gana, enquanto país em desenvolvimento, tem fontes de financiamento limitadas e, dadas as necessidades de desenvolvimento do país, essa política pode ser difícil.

As energias renováveis e a produção descentralizada são a forma mais rentável e ecológica de fornecer eletricidade nos países em desenvolvimento (REEP 2006). Por conseguinte, a política governamental deve apostar no microfinanciamento para melhorar a acessibilidade dos sistemas solares fotovoltaicos, que podem revelar-se económicos ao longo da sua vida, mas com um custo inicial elevado.

O preço da eletricidade no país tem um enorme impacto na viabilidade dos sistemas de energias renováveis. O desejo do Governo tem sido reduzir a drenagem fiscal do sector da eletricidade para o orçamento do Estado através de subsídios e ter uma tarifa que reflicta o custo económico e seja acessível aos consumidores. O Governo e a PURC continuam a aumentar as tarifas de eletricidade para garantir que as tarifas se aproximem do custo marginal a longo prazo (LRMC). Em 1992, as tarifas de eletricidade para os clientes residenciais aumentaram de 20% (20%) para 30% (30%) do CMML, as tarifas não residenciais reflectiram o CMML e as tarifas industriais de baixa tensão e de alta tensão aumentaram de 26% (26%) e 33% (33%) do CMML para 42% (42%) e 54% (54%) do CMML, respetivamente, para os clientes da ECG e cerca de 70% (70 %) para os clientes da VRA. A tarifa de eletricidade no país continua a aumentar de acordo com a fórmula acordada pela PURC (ESMAP 2005). Embora os preços da eletricidade se baseiem atualmente no custo marginal a longo prazo, o ambiente não é gratuito e deve ser tido em conta nos preços da eletricidade. Por conseguinte, uma política governamental que fixasse o preço da eletricidade incluindo o custo ambiental marginal contribuiria em muito para tornar os sistemas energéticos sustentáveis mais competitivos.

Enquanto o debate sobre a redução da taxa de desconto prossegue, pode também ser considerado um quadro de política pública que favoreça o investimento em energia sustentável no país. É evidente que a energia sustentável no Gana necessitaria de intervenção governamental para se tornar atractiva e acessível. No entanto, a energia sustentável desempenharia o seu papel como a fonte de energia mais respeitadora do ambiente no Gana e contribuiria para a procura de fontes de energia limpas para produzir eletricidade.

No entanto, deve ser realizado um estudo pormenorizado do potencial do mercado FV para determinar a dimensão real do mercado de sistemas FV no país. Isto aumentará ainda mais o potencial de investimento em energia sustentável e incentivará os investidores a tomarem uma decisão informada.

BIBLIOGRAFIA

1. Abeeku. H.H., (2007) Renewable energy in Ghana; Challenges for the 21st century. http://www.worldbank.org.afr/knsea/kb.re ghana abeeku.pdf acedido em 31/07/2007

2. **Adanu,** K. G., (1994) Promoting photovoltaic electricity usage in developing countries-Experience from Ghana. Solar Energy materials and solar cells, Vol.34

3. **Andrews,** J, & **Jelley**, N. (2007**).** Ciência da energia; princípios, tecnologia e impactos. Oxford University Press, Oxford. Pg 99-129

4. **AREED** (2005) Country profile-Ghana disponível em http://www.areed.org/ country/ghana/ ghana.pdf acedido em 21/07/2007

5. **Banco Asiático de Desenvolvimento** (2002) Subsidy design in the power sector. Conferência sobre o desenvolvimento de infra-estruturas. Solução privada para os pobres: a perspetiva asiática. Disponível em: http://www.ppiaf.org/conferences/docs/papers/susidies5.pdf acc essed on 20/06/2007

6. **Atiamo** N, (2007) Restructuring of energy sectors; what are the lessons for developing countries. Centre for energy petroleum and mineral law and policy. Universidade de Dundee, Escócia.

7. **Birdsall** N e **Steer** A., (1993**).** 'Act now on Global Warming -but do not cook the books'. Finanças e Desenvolvimento, Vol.30, No.1 Pp 6-8

8. **Boyle,** G., (2004) Renewable Energy for a sustainable Future. Oxford, Oxford University press, pp 11-14

9. **Boyle,** G., Everett, B. & Ramage, J. (2003). Energy systems and sustainability: Power for sustainable future. Oxford, Oxford University press, pp 4-11

10. **Burke,** R., (2003) Project Management; Planning and control techniques, 4th Edition, John Wiley & Sons Ltd. Inglaterra, pp56-73

11. **Cline** W. R., (1993) "Give greenhouse abatement a fair chance". Finanças e Desenvolvimento, Vol.30, No1 Pp3-5

12. **Dasgupta,** P (2005) Discounting Ecosystem losses. Our planet, Vol.16,

No.2,pp14-15Disponível em: http://www.unep.org/ourplanet/imgversn/162/Partha%20Dasgupta.pdf acedido em 15/08/2007

13. **Tendências da Terra** (2003). Energy and Resources-Ghana. Disponível **em:** http://earthtrends .wri.org/text/energy-resources/country-profile-72.html. Acedido em 01/06/2007

14. **Comissão de Energia do Gana** (2005). Securing Ghana's future energy today Panorama do sector da energia. Disponível em: http://www.energycom.gov.gh. Acedido em 03/06/2007

15. **Unidade de Informação Económica do Gana** (2000) Relatório nacional, 1º trimestre. P1

16. **Fundação para a Energia do Gana** (2005). Energy in Ghana. Disponível em: http://www. ghanaef. org/ energyinghana/ energyinghana.htm. Acedido em 07/06/2007

17. **Gordon,** R L., (1966) "Conservation and the theory of exhaustible Resources" In Webb M, G and **Ricketts** M, J The economics of energy, The Macmillan press, London

18. **Dados do Governo do Gana** (1998). Relatório do Ministério das Minas e Energia. GHA/1996/G31, Op, cit

19. **Grubb**, M. J. e N. I. **Meyer**. 1993. "Wind energy: Resources, systems and regional strategies". In: T. B. Johansson, H. Kelly, A. K. N. Reddy e R. H. Williams (eds.), *Renewable Energy: Sources for Fuels and Electricity*. Washington, D.C.: Island Press.

20. **Horst,** F e **Gerhard,** O (1985) A guide to the financial evaluation of investment projects in energy supply. GTZ GmbH, Eschborn, 27-38pp

21. **ILO** (2005) Employment Intensive investment programme disponível em http://www.ilo. org/publi/english/employment/recon/eiip/countries/africa/ ghana .htm acedido em 26/07/2007

22. **Karekezi** S e **Mackenzie** G, A., (1993) Energy options for Africa: Environmental

sustainable alternatives. Zed books ltd, Londres, pp 23-38

23. **Martinot,** E (2004) Indicadores de investimento e de capacidade. Disponível em: http://www.earthscan.co.Uk/news/article/mps/UAN/234/v/3/sp/#author acedido em 30/06/2007

24. **Mawuli** Tse (2000) Commercialisation of renewable energy technology in Ghana-Barriers and opportunities. Documento apresentado num workshop sobre energias renováveis no Gana. Disponível em: http://home.att.net/~africantech/renew.htm#_edn10 acedido em 02/06/2007

25. **McChesney**, I (1998) Investment in Renewable Energy; Promoting investment in renewable energy, publicação do Seminário IMECHE, S568/003/98, pp 15-21

26. **Ministério da Energia** (2005) Renewable energy: Projeto de energia solar disponível em http://www.energymin.gov. gh/renewable energy.htm acedido em 30/06/2007

27. **Ministério das Finanças e do Planeamento Económico** (2007) Investing in Ghana, disponível em: http://www.mofep.gov.gh/downloads.cfm acedido em 20/07/2007

28. **Ministério do Comércio e da Indústria** (2007), Comércio interno e externo disponível em http://www.moti.gov.gh acedido em 04/06/2007

29. **Mohan,** M., (1983) Energy Economics, Demand Management and Conservation Policy, Van Nostrand Reinhold, Melbourne, Austrália, pp 67-83

30. **Oelert,** G, **Auer**, F e **Pertz**, K (1988) A guide to Project planning: Economic Issues of Renewable Energy Systems, Eschborn, GTZ, pp11-20

31. **Ofosu-Ahenkorah**, A., (2005) Mandatory Energy-Efficiency standard for room air conditioners in Ghana, Ghana Energy foundation disponível em; http://www.ghanaenef.org acedido em 28/07/2007

32. **Pearce**, D., **Markandya** A e **Barbier** E., (1989) Blueprint for Green Economy. Erarthscan Londres. Pp132-152, 153-172

33. **Polatidis,** H e **Haralambopoulos,** D, A (2003) Renewable energy projects: Estruturação de um quadro de tomada de decisões em grupo com vários critérios. Renewable energy. Vol.28. pp 961-973. Disponível em http//www.sciencedirect.com acedido em 02/12/2006

34. **Potts**, D., (2002) Project Planning and Analysis for Development. Lynne Rienner Publisher, Londres, Reino Unido. Pp 327-340

35. **RCEER** (2005) Guide to electric power in Ghana. Disponível em: http://www.globalregulatorynetwork.org/PDFs/GuidetoElectricPower Ghana0 30705.pdf acedido em 03/08/2007

36. **Read,** P., (1994) Responding to Global Warming: the Technology Economics and politics of sustainable energy. Zed books Ltd, Londres, Reino Unido. Pp154-167

37. **REEEP** (2006) New strategy in Rural Electrification disponível em http://www.reeep.org/index.cfm?articleid=1493 acedido em 28/08/2007

38. **Rogers**, M,. (2001) Engineering Project Appraisal; The evaluation of alternative development schemes, Blackwell Science Ltd, London, pp9-30

39. **Schultz,** O. et al (2004). "Thermal oxidation process for high-efficiency multicrystalline silicon solar cell" 19th European photovoltaic solar energy conference, 7-11 June 2004 Paris

40. **Shepherd,** W., e **Shepherd** D, W., (2003) Energy Studies. 2nd Edição, Imperial College Press, Londres, pp189-237

41. **Sorensen**, B (2000) Renewable Energy 2nd Edition Academic Press, p3.

42. **Tribe** M e **Livingstone** I., (1995) Projects with lng time horizon: their economic appraisal and the discount rate. Project Appraisal, Vol.10, No.2 pp 66-75

43. **Twidell**,J e **Weir**, A (1986) Renewable energy resources, Londres, E & FN Spon

44. **PNUA**, (2002). Creating the climate for change; estudo realizado pela Divisão de Tecnologia, Indústria e Economia DTIE, França

45. **Nações Unidas**, (1987). Comissão Mundial sobre o Ambiente e o

Desenvolvimento. O nosso futuro comum (Relatório Brundtland), Oxford University Press, Oxford.

46. **Wegg**, M, G, e **Riketts**, M, J (1980) The economics of energy. The Macmillan press Ltd, Londres, Reino Unido. Pp 27-72

47. **Wireko-Brobby** C., (1993) "Innovative energy policy instrument and institutional reforms-case for Ghana" In Kerekezi et al, energy options for Africa: Environmental sustainable alternatives, Zed books Ltd London pp 2338

48. **Conselho Mundial da Energia** (1994). Survey of energy resources; Wind energy. Disponível em: http://www.worldenergy.org/wec-geis/publications/reports/ser/wind/wind.asp acedido em 02/06/2007

APÊNDICE

ANÁLISE ECONÓMICA

Quadro A1: Fluxo de recursos à taxa de desconto de 8%

Anos	**0.0**	**1.0**	**2.0**	**3.0**	**4.0**	**5.0**	**6.0**	**7.0**	**8.0**	**9.0**
Custo de investimento (US$ 6000/kW) *10x10^6	20.0	20.0	20.0							
Custo de operação e manutenção (US$ 25/kW)x105	0.8	1.5	2.5	2.5	2.5	2.5	2.5	2.5	2.5	2.5
Vendas de eletricidade (US$ 0,11 /kWh) x10^5	7.9	15.8	26.4	26.4	26.4	26.4	26.4	26.4	26.4	26.4
Prestações (dólares americanos)x10^6	- 19.3	- 18.6	- 17.6	2.4	2.4	2.4	2.4	2.4	2.4	2.4
Fator de desconto (8%)	0.9	0.9	0.8	0.7	0.7	0.6	0.6	0.5	0.5	0.5
Presente Va lue x 10^6)	- 17.9	- 15.9	- 14.0	1.8	1.6	1.5	1.4	1.3	1.2	1.1
Anos	**10.0**	**11.0**	**12.0**	**13.0**	**14.0**	**15.0**	**16.0**	**17.0**	**18.0**	**19.0**
Custo de investimento (US$ 6000/kW) *10x 10^5										
Custo operacional e de manutenção (US$ 25/kW)x10^5	2.5	2.5	2.5	2.5	2.5	2.5	2.5	2.5	2.5	2.5
Vendas de eletricidade (US$ 0,11/kWh) E+5	26.4	26.4	26.4	26.4	26.4	26.4	26.4	26.4	26.4	26.4
Prestações (dólares americanos)x10^6	2.4	2.4	2.4	2.4	2.4	2.4	2.4	2.4	2.4	2.4
Fator de desconto (8%)	0.4	0.4	0.4	0.3	0.3	0.3	0.3	0.3	0.2	0.2
Valor atual x 10^6	1.0	0.9	0.9	0.8	0.8	**0.7**	**0.6**	**0.6**	**0.6**	**0.5**
Anos	**20.0**	**21.0**	**22.0**	**23.0**	**24.0**	**25.0**	**26.0**	**27.0**	**28.0**	**29.0**
Custo de investimento (US$										

6000/kW) x10^5										
Custo operacional e de manutenção (US$ 25/kW)x10^5	2.5	2.5	2.5	2.5	2.5	2.5	2.5	2.5	2.5	2.5
Vendas de eletricidade (US$ 0,11/kWh) x10 $_5$	26.4	26.4	26.4	26.4	26.4	26.4	26.4	26.4	26.4	26.4
Prestações (dólares americanos)x10^6	2.4	2.4	2.4	2.4	2.4	2.4	2.4	2.4	2.4	2.4
Fator de desconto (8%)	0.2	0.2	0.2	0.2	0.1	0.1	0.1	0.1	0.1	0.1
Valor atual (106)	**0.5**	**0.4**	**0.4**	**0.4**	**0.3**	**0.3**	**0.3**	**0.3**	**0.3**	**0.2**
VAL10^6	**-27**									

Quadro A2: Fluxo de recursos a uma taxa de desconto de 4%

Anos	**0**	**1**	**2**	**3**	**4**	**5**	**6**	**7**	**8**	**9**
Custo de investimento (US$ 6000/kW)10^6	20.0	20.0	20.0							
Custo operacional e de manutenção (US$ 25/kW)x10^5	0.8	1.5	2.5	2.5	2.5	2.5	2.5	2.5	2.5	2.5
Vendas de eletricidade (US$ 0,11/kWh)x 10^5	7.9	15.8	26.4	26.4	26.4	26.4	26.4	26.4	26.4	26.4
Prestações (dólares americanos)x10^6	- 19.3	-18.6	-17.6	2.4	2.4	2.4	2.4	2.4	2.4	2.4
Fator de desconto (4%)	1.0	0.9	0.9	0.9	0.8	0.8	0.8	0.7	0.7	0.7
Valor atual x 10^6	**- 18.5**	**-17.2**	**-15.7**	**2.0**	**2.0**	**1.9**	**1.8**	**1.7**	**1.7**	**1.6**
Anos	**10.0**	**11.0**	**12.0**	**13.0**	**14.0**	**15.0**	**16.0**	**17.0**	**18.0**	**19.0**
Custo de investimento (US$ 6000/kW)										
Custo operacional e de manutenção (US$ 25/kW)x10^5	2.5	2.5	2.5	2.5	2.5	2.5	2.5	2.5	2.5	2.5
Vendas de	26.4	26.4	26.4	26.4	26.4	26.4	26.4	26.4	26. 4	26.4

eletricidade (US$ 0,11/kWh) $x10^5$										
Prestações (dólares americanos)$x10^5$	2.4	2.4	2.4	2.4	2.4	2.4	2.4	2.4	2.4	2.4
Fator de desconto (4%)	0.6	0.6	0.6	0.6	0.6	0.5	0.5	0.5	0.5	0.5
Valor actual$x10^6$	**1.6**	**1.5**	**1.4**	**1.4**	**1.3**	**1.3**	**1.2**	**1.2**	**1.1**	**1.1**
Anos	**20.0**	**21.0**	**22.0**	**23.0**	**24.0**	**25.0**	**26.0**	**27.0**	**28.0**	**29.0**
Custo de investimento (US$ 6000/kW)										
Custo operacional e de manutenção (US$ 25/kW)$x10^5$	2.5	2.5	2.5	2.5	2.5	2.5	2.5	2.5	2.5	2.5
Vendas de eletricidade (US$ 0,11/kWh) $X10^5$	26.4	26.4	26.4	26.4	26.4	26.4	26.4	26.4	26.4	26.4
Prestações (dólares americanos) $x10^6$	2.4	2.4	2.4	2.4	2.4	2.4	2.4	2.4	2.4	2.4
Fator de desconto (4%)	0.4	0.4	0.4	0.4	0.4	0.4	0.3	0.3	0.3	0.3
Valor atual x 10^6	**1.0**	**1.0**	**1.0**	**0.9**	**0.9**	**0.9**	**0.8**	**0.8**	**0.8**	**0.7**
VAL$x10^7$	- 16.7									

ANÁLISE DE SENSIBILIDADE

Tabela A3: Fluxo de recursos com taxa de desconto de 8% e preço de venda de US$ 0,25/kWh

Anos	0	1	2	3	4	5	6	7	8	9
Custo de investimento (US$ 6000/kW)10 6	20.0	20.0	20.0							
Custo de operação e manutenção (US$ 25/kW)$X10^5$	0.8	1.5	2.5	2.5	2.5	2.5	2.5	2.5	2.5	2.5
Vendas de eletricidade (US$ 0,25/kWh)	18.0	36.0	60.0	60.0	60.0	60.0	60.0	60.0	60.0	60.0

$x10^5$										
Prestações (dólares americanos)$x10^6$	-18.3	-16.6	-14.3	5.8	5.8	5.8	5.8	5.8	5.8	5.8
Fator de desconto (8%)	0.9	0.9	0.8	0.7	0.7	0.6	0.6	0.5	0.5	0.5
Valor atual x 10^6	-16.9	-14.2	-11.3	4.2	3.9	3.6	3.4	3.1	2.9	2.7
Anos	**10**	**11**	**12**	**13**	**14**	**15**	**16**	**17**	**18**	**19**
Custo de investimento (US$ 6000/kW)10 6										
Custo operacional e de manutenção (US$ 25/kW)$x10^5$	2.5	2.5	2.5	2.5	2.5	2.5	2.5	2.5	2.5	2.5
Vendas de eletricidade (US$ 0,25/kWh) $x10^5$	60.0	60.0	60.0	60.0	60.0	60.0	60.0	60.0	60.0	60.0
Prestações (dólares americanos)$x10^6$	5.8	5.8	5.8	5.8	5.8	5.8	5.8	5.8	5.8	5.8
Fator de desconto (8%)	0.4	0.4	0.4	0.3	0.3	0.3	0.3	0.3	0.2	0.2
Valor atual x 10^6	2.5	2.3	2.1	2.0	1.8	**1.7**	**1.6**	**1.4**	**1.3**	**1.2**
Anos	**20**	**21**	**22**	**23**	**24**	**25**	**26**	**27**	**28**	**29**
Custo de investimento (US$ 6000/kW)										
Custo operacional e de manutenção (US$ 25/kW)$x10^5$	2.5	2.5	2.5	2.5	2.5	2.5	2.5	2.5	2.5	2.5
Vendas de eletricidade (US$ 0,25/kWh) $X10^5$	60.0	60.0	60.0	60.0	60.0	60.0	60.0	60.0	60.0	60.0
Prestações (US Dólares) $x10^6$	5.8	5.8	5.8	5.8	5.8	5.8	5.8	5.8	5.8	5.8

Fator de desconto (8%)	0.2	0.2	0.2	0.2	0.1	0.1	0.1	0.1	0.1	0.1
Valor atual x 10^6	**1.1**	**1.1**	**1.0**	**0.9**	**0.8**	**0.8**	**0.7**	**0.7**	**0.6**	**0.6**
VALx10^6	7.49									

Tabela A4: Fluxo de recursos com uma taxa de desconto de 8% e uma redução de 25% no custo de capital /kW

Anos	**0**	**1**	**2**	**3**	**4**	**5**	**6**	**7**	**8**	**9**
Custo de investimento (US$ 4.500/kW) x 10^6	15.0	15.0	15.0							
Custo operacional e de manutenção (US$ 25/kW) x 10^5	0.8	1.5	2.5	2.5	2.5	2.5	2.5	2.5	2.5	2.5
Vendas de eletricidade (US$ 0,11/kWh) x 10^5	7.9	15.8	26.4	26.4	26.4	26.4	26.4	26.4	26.4	26.4
Prestações (dólares americanos) x 10^6	-14.3	- 13.6	- 12.6	2.4	2.4	2.4	2.4	2.4	2.4	2.4
Fator de desconto (8%)	0.9	0.9	0.8	0.7	0.7	0.6	0.6	0.5	0.5	0.5
Valor atual x 10^6	-13.2	- 11.6	- 10.0	1.8	1.6	1.5	1.4	1.3	1.2	1.1
Anos	**10**	**11**	**12**	**13**	**14**	**15**	**16**	**17**	**18**	**19**
Custo de investimento (US$ 4.500/kW)										
Custo operacional e de manutenção (US$ 25/kW) x 10^5	2.5	2.5	2.5	2.5	2.5	2.5	2.5	2.5	2.5	2.5
Vendas de eletricidade (US$ 0,11/kWh) x 10^5	26.4	26.4	26.4	26.4	26.4	26.4	26.4	26.4	26.4	26.4
Prestações (dólares americanos) x 10^6	2.4	2.4	2.4	2.4	2.4	2.4	2.4	2.4	2.4	2.4
Fator de desconto (8%)	0.4	0.4	0.4	0.3	0.3	0.3	0.3	0.3	0.2	0.2
Valor atual x10^6	1.0	0.9	0.9	0.8	0.8	**0.7**	**0.6**	**0.6**	**0.6**	**0.5**
Anos	**20**	**21**	**22**	**23**	**24**	**25**	**26**	**27**	**28**	**29**
Custo de										

investimento (US$ 4.500/kW)										
Custo operacional e de manutenção (US$ 25/kW) x 10^5	2.5	2.5	2.5	2.5	2.5	2.5	2.5	2.5	2.5	2.5
Vendas de eletricidade (US$ 0,11/kWh) x 10^5	26.4	26.4	26.4	26.4	26.4	26.4	26.4	26.4	26.4	26.4
Prestações (dólares americanos) x 10^6	23.9	23.9	23.9	23.9	23.9	23.9	23.9	23.9	23.9	23.9
Fator de desconto (8%)	0.2	0.2	0.2	0.2	0.1	0.1	0.1	0.1	0.1	0.1
Valor atual x 10^6	**0.5**	**0.4**	**0.4**	**0.4**	**0.3**	**0.3**	**0.3**	**0.3**	**0.3**	**0.2**
VAL x 10^6	**-14.1**									

Tabela A5: Fluxo de recursos com uma taxa de desconto de 4% e um preço de venda de US$ 0,25 /kWh

Anos	**0**	**1**	**2**	**3**	**4**	**5**	**6**	**7**	**8**	**9**
Custo de investimento (US$ 6000/kW) x 10^6	20.0	20.0	20.0							
Custo operacional e de manutenção (US$ 25/kW) x 10^5	0.8	1.5	2.5	2.5	2.5	2.5	2.5	2.5	2.5	2.5
Vendas de eletricidade (US$ 0,25/kWh) x10^5	18.0	36.0	60.0	60.0	60.0	60.0	60.0	60.0	60.0	60.0
Prestações (dólares americanos) x 10^6	-18.3	- 16.6	- 14.3	5.8	5.8	5.8	5.8	5.8	5.8	5.8
Fator de desconto (4%)	1.0	0.9	0.9	0.9	0.8	0.8	0.8	0.7	0.7	0.7
Valor atual x 10^6	**-17.6**	**- 15.3**	**- 12.7**	**4.9**	**4.7**	**4.5**	**4.4**	**4.2**	**4.0**	**3.9**
Anos	**10**	**11**	**12**	**13**	**14**	**15**	**16**	**17**	**18**	**19**
Custo de investimento (US$ 6000/kW)										

Custo operacional e de manutenção (US$ 25/kW) x 10^5	2.5	2.5	2.5	2.5	2.5	2.5	2.5	2.5	2.5	2.5
Vendas de eletricidade (US$ 0,25/kWh) x 10^5	60.0	60.0	60.0	60.0	60.0	60.0	60.0	60.0	60.0	60.0
Prestações (dólares americanos) x 10^6	5.8	5.8	5.8	5.8	5.8	5.8	5.8	5.8	5.8	5.8
Fator de desconto (4%)	0.6	0.6	0.6	0.6	0.6	0.5	0.5	0.5	0.5	0.5
Valor atual x 10^6	**3.7**	**3.6**	**3.5**	**3.3**	**3.2**	**3.1**	**3.0**	**2.8**	**2.7**	**2.6**
Anos	**20**	**21**	**22**	**23**	**24**	**25**	**26**	**27**	**28**	**29**
Custo de investimento (US$ 6000/kW)										
Custo operacional e de manutenção (US$ 25/kW) x 10^5	2.5	2.5	2.5	2.5	2.5	2.5	2.5	2.5	2.5	2.5
Vendas de eletricidade (US$ 0,25/kWh) x 10^5	60.0	60.0	60.0	60.0	60.0	60.0	60.0	60.0	60.0	60.0
Prestações (dólares americanos) x 10^6	5.8	5.8	5.8	5.8	5.8	5.8	5.8	5.8	5.8	5.8
Fator de desconto (4%)	0.4	0.4	0.4	0.4	0.4	0.4	0.3	0.3	0.3	0.3
Valor atual x 10^6	**2.5**	**2.4**	**2.3**	**2.2**	**2.2**	**2.1**	**2.0**	**1.9**	**1.8**	**1.8**
VALx10^6	37.9									

Quadro A6: Fluxo de recursos com uma taxa de desconto de 4% e uma redução de 25% no custo de capital/kW

Anos	0	1	2	3	4	5	6	7	8	9
Custo de investimento (US$ 4.500/kW) x 10^6	15.0	15.0	15.0							
Custo operacional e de manutenção (US$ 25/kW) x 10^5	0.8	1.5	2.5	2.5	2.5	2.5	2.5	2.5	2.5	2.5
Vendas de eletricidade (US$ 0,11/kWh) x 10^5	7.9	15.8	26.4	26.4	26.4	26.4	26.4	26.4	26.4	26.4
Prestações (dólares americanos) x 10^6	-14.3	-13.6	-12.6	23.9	23.9	23.9	23.9	23.9	23.9	23.9
Fator de desconto (4%)	1.0	0.9	0.9	0.9	0.8	0.8	0.8	0.7	0.7	0.7
Valor atual x 10^6	**-13.7**	**-12.5**	**-11.2**	**2.0**	**2.0**	**1.9**	**1.8**	**1.7**	**1.7**	**1.6**
Anos	**10**	**11**	**12**	**13**	**14**	**15**	**16**	**17**	**18**	**19**
Custo de investimento (US$ 4.500/kW) x 10^6										
Custo operacional e de manutenção (US$ 25/kW) x 10^5	2.5	2.5	2.5	2.5	2.5	2.5	2.5	2.5	2.5	2.5
Vendas de eletricidade (US$ 0,11/kWh) x 10^5	26.4	26.4	26.4	26.4	26.4	26.4	26.4	26.4	26.4	26.4
Prestações (dólares americanos) x 10^6	23.9	23.9	23.9	23.9	23.9	23.9	23.9	23.9	23.9	23.9
Fator de desconto (4%)	0.6	0.6	0.6	0.6	0.6	0.5	0.5	0.5	0.5	0.5
Valor atual x10^6	**1.6**	**1.5**	**1.4**	**1.4**	**1.3**	**1.3**	**1.2**	**1.2**	**1.1**	**1.1**
Anos	**20**	**21**	**22**	**23**	**24**	**25**	**26**	**27**	**28**	**29**
Custo de investimento (US$ 4.500/kW) x 10^6										

Custo operacional e de manutenção (US$ 25/kW) x 10^5	2.5	2.5	2.5	2.5	2.5	2.5	2.5	2.5	2.5	2.5
Vendas de eletricidade (US$ 0,11/kWh) x 10^5	26.4	26.4	26.4	26.4	26.4	26.4	26.4	26.4	26.4	26.4
Prestações (dólares americanos) x 10^6	23.9	23.9	23.9	23.9	23.9	23.9	23.9	23.9	23.9	23.9
Fator de desconto (4%)	0.4	0.4	0.4	0.4	0.4	0.4	0.3	0.3	0.3	0.3
Valor atual x 10^6	**1.0**	**1.0**	**1.0**	**0.9**	**0.9**	**0.9**	**0.8**	**0.8**	**0.8**	**0.7**
VAL x 10^6	**-2.8**									

Tabela A7: Fluxo de recursos com taxa de desconto de 8%, redução de 25% no custo de capital e preço de venda de US$ 0,25/kWh

Anos	0	1	2	3	4	5	6	7	8	9
Custo de investimento (US$ 4.500/kW)	15.0	15.0	15.0							
Custo operacional e de manutenção (US$ 25/kW)	0.8	1.5	2.5	2.5	2.5	2.5	2.5	2.5	2.5	2.5
Vendas de eletricidade (US$ 0,25/kWh)	1.8	3.6	60.0	60.0	60.0	60.0	60.0	60.0	60.0	60.0
Benefícios (dólares americanos)	-1.3	-1.2	-0.9	5.8	5.8	5.8	5.8	5.8	5.8	5.8
Fator de desconto (8%)	0.9	0.9	0.8	0.7	0.7	0.6	0.6	0.5	0.5	0.5
Valor atual	- 12.3	-9.9	-7.3	4.2	3.9	3.6	3.4	3.1	2.9	2.7
Anos	**10**	**11**	**12**	**13**	**14**	**15**	**16**	**17**	**18**	**19**
Custo de investimento (US$ 4.500/kW)										
Custo operacional e de manutenção (US$ 25/kW)	2.5	2.5	2.5	2.5	2.5	2.5	2.5	2.5	2.5	2.5
Vendas de eletricidade (US$	60.0	60.0	60.0	60.0	60.0	60.0	60.0	60.0	60.0	60.0

0,25/kWh)										
Benefícios (dólares americanos)	5.8	5.8	5.8	5.8	5.8	5.8	5.8	5.8	5.8	5.8
Fator de desconto (8%)	0.4	0.4	0.4	0.3	0.3	0.3	0.3	0.3	0.2	0.2
Valor atual	2.5	2.3	2.1	2.0	1.8	1.7	1.6	1.4	1.3	1.2
Anos	**20**	**21**	**22**	**23**	**24**	**25**	**26**	**27**	**28**	**29**
Custo de investimento (US$ 4.500/kW)										
Custo de operação e manutenção (US$ 25/kW)	2.5	2.5	2.5	2.5	2.5	2.5	2.5	2.5	2.5	2.5
Vendas de eletricidade (US$ 0,25/kWh)	60.0	60.0	60.0	60.0	60.0	60.0	60.0	60.0	60.0	60.0
Benefícios (dólares americanos)	5.8	5.8	5.8	5.8	5.8	5.8	5.8	5.8	5.8	5.8
Fator de desconto (8%)	0.2	0.2	0.2	0.2	0.1	0.1	0.1	0.1	0.1	0.1
Valor atual	1.1	1.1	1.0	0.9	0.8	0.8	0.7	0.7	0.6	0.6
VAL	**20.4**									

Tabela A8: Fluxo de recursos com taxa de desconto de 4%, redução de 25% no custo de capital e preço de venda de US$ 0,25/kWh

Anos	**0**	**1**	**2**	**3**	**4**	**5**	**6**	**7**	**8**	**9**
Custo de investimento (US$ 4.500/kW)	15.0	15.0	15.0							
Custo de operação e manutenção (US$ 25/kW)	0.8	1.5	2.5	2.5	2.5	2.5	2.5	2.5	2.5	2.5
Vendas de eletricidade (US$ 0,25/kWh)	18.0	36.0	60.0	60.0	60.0	60.0	60.0	60.0	60.0	60.0
Benefícios (dólares americanos)	-13.3	-11.6	-9.3	5.8	5.8	5.8	5.8	5.8	5.8	5.8
Fator de desconto (4%)	1.0	0.9	0.9	0.9	0.8	0.8	0.8	0.7	0.7	0.7
Valor atual	**-**	**-**	**-8.2**	**4.9**	**4.7**	**4.5**	**4.4**	**4.2**	**4.0**	**3.9**

	12.8	10.7							
Anos	**10**	**11**	**12**	**13**	**14**	**15**	**16**	**17**	**18**	**19**
Custo de investimento (US$ 4.500/kW)										
Custo operacional e de manutenção (US$ 25/kW)	2.5	2.5	2.5	2.5	2.5	2.5	2.5	2.5	2.5	2.5
Vendas de eletricidade (US$ 0,25/kWh)	60.0	60.0	60.0	60.0	60.0	60.0	60.0	60.0	60.0	60.0
Benefícios (dólares americanos)	5.8	5.8	5.8	5.8	5.8	5.8	5.8	5.8	5.8	5.8
Fator de desconto (4%)	0.6	0.6	0.6	0.6	0.6	0.5	0.5	0.5	0.5	0.5
Valor atual	**3.7**	**3.6**	**3.5**	**3.3**	**3.2**	**3.1**	**3.0**	**2.8**	**2.7**	**2.6**
Anos	**20**	**21**	**22**	**23**	**24**	**25**	**26**	**27**	**28**	**29**
Custo de investimento (US$ 4.500/kW)										
Custo operacional e de manutenção (US$ 25/kW)	2.5	2.5	2.5	2.5	2.5	2.5	2.5	2.5	2.5	2.5
Vendas de eletricidade (US$ 0,25/kWh)	60.0	60.0	60.0	60.0	60.0	60.0	60.0	60.0	60.0	60.0
Benefícios (dólares americanos)	5.8	5.8	5.8	5.8	5.8	5.8	5.8	5.8	5.8	5.8
Fator de desconto (4%)	0.4	0.4	0.4	0.4	0.4	0.4	0.3	0.3	0.3	0.3
Valor atual	**2.5**	**2.4**	**2.3**	**2.2**	**2.2**	**2.1**	**2.0**	**1.9**	**1.8**	**1.8**
VAL	**51.8**									

Printed by Books on Demand GmbH, Norderstedt / Germany